Wachstum und Ertrag

normaler Fichtenbestände.

Nach den Aufnahmen

des Vereins deutscher forstlicher Versuchsanstalten

bearbeitet

von

Dr. Adam Schwappach,

Kgl. Professor an der Forstakademie Eberswalde und Dirigent der forstlichen
Abteilung der Hauptstation des forstlichen Versuchswesens.

Mit vier Tafeln.

Springer-Verlag
Berlin Heidelberg GmbH
1890.

ISBN 978-3-642-98236-1   ISBN 978-3-642-99047-2 (eBook)
DOI 10.1007/ 978-3-642-99047-2

Inhalt.

Auf der Versammlung des Vereins deutscher forstlicher Versuchsanstalten zu München im Jahre 1882 wurde der Beschluſs gefaſst, daſs die preuſsische Hauptstation des forstlichen Versuchswesens mit der Bearbeitung der bis dahin von den Versuchsanstalten ausgeführten Ertragsuntersuchungen in Fichtenbeständen beginnen und dabei die beabsichtigten zweiten Aufnahmen der Ertragsprobeflächen, soweit dieselben bis Ende 1883 stattgefunden haben würden, sowie die Resultate der Stammzahlerhebungen berücksichtigen solle.

Der Wechsel in der Person des Dirigenten der forstlichen Abteilung der preuſsischen Versuchsanstalt, namentlich die im Jahre 1883 erfolgte Berufung des damaligen Forstmeisters Weise nach Karlsruhe, sowie die Änderung der Anschauung über die in Preuſsen zunächst zu lösenden Aufgaben, hatten zur Folge, daſs sieben Jahre verflossen sind, bevor die Ausführung des oben angeführten Beschlusses, welcher inzwischen seinem wesentlichen Inhalte nach auf der Vereinsversammlung zu Ulm im Jahre 1888 wiederholt worden war, energisch in Angriff genommen werden konnte.

Wenn auch diese Verzögerung nach manchen Richtungen hin zu bedauern sein mag, so hat dieselbe doch den groſsen Vorteil mit sich gebracht, daſs das Grundlagenmaterial ein erheblich umfangreicheres und durch das Hinzutreten der wiederholten Aufnahmen einer groſsen Anzahl von ständigen Versuchsflächen auch ein ungleich wertvolleres geworden ist.

Die Bedenken, welche gegen die Aufstellung von Ertragstafeln aus einmaligen Aufnahmen stets erhoben werden können, sind jetzt vermieden, und dürfte die vorliegende Arbeit, jedenfalls wenigstens bezüglich der ihr zu Grunde liegenden Erhebungen, allen zur Zeit zu stellenden Anforderungen entsprechen.

I. Unterlagen der Ertragstafeln.

Erhebungen über den Wachstumsgang normaler Fichtenbestände sind bis jetzt angestellt worden von den Versuchsanstalten in: Baden, Bayern, Braunschweig, Preußen, Sachsen und Württemberg, und zwar liegen mir die Ergebnisse der Untersuchungen von 472 Flächen in 873 Aufnahmen vor.

Mit Ausnahme von Bayern, wo lediglich einmalige Aufnahmen ausgeführt wurden, sind von allen übrigen Versuchsanstalten die ständigen Ertragsprobeflächen, soweit es nach Lage der Verhältnisse möglich war, bis jetzt zweimal und in Baden, Württemberg und Sachsen sogar bereits dreimal aufgenommen worden.

Einen statistischen Überblick über das gesamte Material nach seiner Verteilung über die beiden der Bearbeitung zu Grunde gelegten Gruppen von Wachstumsgebieten und nach den Bonitäten, sowie unter Trennung nach einmaligen und wiederholten Aufnahmen gewährt nebenstehende Zusammenstellung (Seite 3).

Die sächsische Versuchsanstalt hat die Ergebnisse der von ihr in Fichtenbeständen ausgeführten Ertragsuntersuchungen bereits für sämtliche Aufnahmen veröffentlicht und auch aus den erstmaligen Erhebungen eine vorläufige Ertragstafel abgeleitet[1]).

Von Seiten der württembergischen Versuchsanstalt sind vorläufig die Resultate der ersten[2]) und zweiten[3]) Aufnahme unter gleichzeitiger Bearbeitung von Ertragstafeln publiziert worden, während dieses bezüglich der dritten Aufnahmen erst demnächst geschehen wird.

Die übrigen Versuchsanstalten haben die Ertragsuntersuchungen in Fichtenbeständen bis jetzt noch nicht in zusammenhängender Form dem Publikum mitgeteilt.

Nach ihrer geographischen Lage gehören die Ertragsprobeflächen für Fichtenbestände, deren Ergebnisse in vorliegender Arbeit benutzt worden sind, folgenden Gebieten an: Ostpreußen, Sudeten, Erzgebirge, Sächsische Schweiz, Harz, Thüringer Wald,

---

[1]) Kunze, Beiträge zur Kenntnis des Ertrages der Fichte auf normal bestockten Flächen, Supplement zum Tharander Jahrbuch, I. Bd. 1878 (enthält auch die Ertragstafel), III. Bd. 1. Heft 1883 u. IV. Bd. 2. Heft 1888.

[2]) Baur, Die Fichte in Bezug auf Ertrag, Zuwachs und Form, Stuttgart 1876.

[3]) Lorcy, Ertragsuntersuchungen in Fichtenbeständen, Supplement zur Allgemeinen Forst- und Jagdzeitung. Bd. XII S. 30 ff.

Staat	I. Bonität — Flächen mit ein-	zwei-	drei-	vier-maligen Aufnahmen	II. Bonität — Flächen mit ein-	zwei-	drei-maligen Aufnahmen	III. Bonität — Flächen mit ein-	zwei-	drei-maligen Aufnahmen	IV. Bonität — Flächen mit ein-	zwei-	drei-maligen Aufnahmen	V. Bonität — Flächen mit ein-	zwei-	drei-maligen Aufnahmen	Sa. der Flächen	Sa. der Aufnahmen
I. Die mitteldeutschen Gebirge und Norddeutschland.																		
Sachsen . . .	3	5	13	—	4	3	26	5	2	20	—	—	8	1	—	2	92	240
Preußen . . .	14	13	—	—	20	20	—	5	5	—	1	3	—	4	1	—	86	128
Braunschweig	4	1	—	—	12	5	—	6	—	—	—	1	—	—	—	—	29	36
Bayern	2	—	—	—	2	—	—	8	—	—	6	—	—	—	—	—	18	18
Sa.	23	19	13	—	38	28	26	24	7	20	7	4	8	5	1	2	225	422
	55 Flächen — 100 Aufnahmen				92 Flächen — 172 Aufnahmen			51 Flächen — 98 Aufnahmen			19 Flächen — 39 Aufnahmen			8 Flächen — 13 Aufnahmen				
II. Süddeutschland.																		
Bayern	20	—	—	—	46	—	—	14	—	—	3	—	—	—	—	—	83	83
Baden	—	3	6	—	2	—	5	—	—	—	3	—	—	—	—	—	19	44
Württemberg	10	18	11	3	7	12	20	5	12	18	3	12	6	2	6	—	145	324
Sa.	30	21	17	3	55	12	25	19	12	18	9	12	6	2	6	—	247	451
	71 Flächen — 135 Aufnahmen				92 Flächen — 154 Aufnahmen			49 Flächen — 97 Aufnahmen			27 Flächen — 51 Aufnahmen			8 Flächen — 14 Aufnahmen				

Frankenwald, Voigtland, Fichtelgebirge, Bayrischer Wald, Fränkischer Jura, Nadelholzgebiet des Jagstkreises, Schwäbisch-bayrische Hochebene (Vorland der Alpen) und Schwarzwald.

Mit Ausnahme der Alpen, welche aus naheliegenden Gründen von der Untersuchung ganz ausgeschlossen worden sind, sowie von Oberschlesien sind somit sämtliche gröfsere Verbreitungsbezirke der Fichte im rechtsrheinischen Deutschland, in denen diese Holzart seit längerer Zeit heimisch ist, vertreten; allerdings nicht ganz gleichmäfsig, indem namentlich in Ostpreufsen und im Bayrischen Wald nur eine ungenügende Anzahl von Untersuchungen vorgenommen worden ist. Dieses erklärt sich jedoch ebenso wie das Fehlen von Oberschlesien durch die hier obwaltenden besonderen Verhältnisse:

Nach den statistischen Angaben sollen in Ostpreufsen 220 498 ha und in Schlesien 187 114 ha Fichtenbestände vorhanden sein. Wenn nun dort nur 16 Probeflächen liegen, von denen blofs eine über 50 Jahre alt ist, und die 6 schlesischen Flächen ausschliefslich dem Gebirge angehören, so erscheint dieses wohl umsoweniger ausreichend, als die Fichte in Ostpreufsen und Oberschlesien, abweichend von ihrem sonstigen Auftreten in Deutschland, in die Tiefebene herabsteigt und eine genauere Untersuchung ihres Entwicklungsganges unter diesen Verhältnissen ganz besonderes Interesse bietet.

Mir war die geringe Anzahl der Fichtenertragsprobeflächen in Ostpreufsen und Schlesien bei der ersten Durchsicht des im Jahre 1886 vorliegenden Materials ebenfalls höchst überraschend, und wollte ich dasselbe alsbald nach dieser Richtung ergänzen. Allein trotz des an die Regierungs- und Lokalforstbeamten gerichteten Ersuchens, mir geeignete Bestände zu bezeichnen, konnte ich doch bei meinen Reisen durch diese Gebiete in den Jahren 1887 und 1889 keine erhebliche Bereicherung des Untersuchungsmateriales herbeiführen, weil eben geeignete Bestände nicht vorhanden sind.

Die ostpreufsischen Fichtenbestände haben, wie ich bereits an anderer Stelle auszuführen Gelegenheit hatte[1]), durch den Nonnenfrafs während der 1850er Jahre und durch wiederholte, sehr erhebliche Windbruchbeschädigungen so gelitten, dafs hier ältere, reine und geschlossene Orte vollständig fehlen.

---

[1]) Wachstum der wichtigsten Waldbäume in Ostpreufsen, Zeitschrift für Forst- und Jagdwesen, 1889, S. 22.

Ähnlich liegen die Verhältnisse im Bayrischen Wald. Hier hat der grofse Windbruch von 1868 in Verbindung mit den darauffolgenden ausgedehnten Borkenkäferverheerungen ebenfalls zur Folge gehabt, dafs für den Zweck der Ertragsuntersuchungen geeignete Bestände im Innern dieses grofsen Waldgebietes kaum noch vorhanden sind. Von den als Repräsentanten des Bayrischen Waldes angeführten Flächen gehören jene von Cham und Waldmünchen bereits dem Rande desselben an und Mähring, in welchem die meisten Versuchsflächen aufgenommen wurden, liegt auf den Ausläufern des Böhmerwaldes gegen das Fichtelgebirge. Die dortigen Probeflächen können demnach auch nicht als typische Repräsentanten des Bayrischen Waldes betrachtet werden, sondern sind, wie auch der Vergleich ihrer Ergebnisse mit den Zahlen der Tafel beweist, einem Übergangsgebiete zuzurechnen.

In Oberschlesien sind die Bestände wegen des flachen Grundwasserspiegels vom Wind meist stark durchlöchert und aufserdem fast niemals rein, sondern mit Tannen, Kiefern, Lärchen, Buchen und anderen Laubhölzern gemischt. Vom waldbaulichen Standpunkte betrachtet bieten diese Forsten höchst interessante Bilder, aber für die Zwecke der Ertragsuntersuchungen in reinen Beständen sind dieselben ganz ungeeignet.

Schliefslich ist noch hervorzuheben, dafs die Untersuchungen für den Thüringer Wald nur im preufsischen Anteil desselben ausgeführt worden sind, da sich die Thüringische Versuchsanstalt an diesen Arbeiten nicht beteiligt hat.

Eine oberflächliche Prüfung der zahlreichen Aufnahmen ergiebt, dafs durch dieselben wohl alle Standortsverhältnisse und namentlich auch die Extreme der Bonitäten vertreten sind. Die Massen schwanken in den höchsten Altern zwischen 1304 fm (Bayern: Kaufbeuren, 110jährig) und 405 fm (Württemberg: Buhlbach, 101jährig), die Mittelhöhen zwischen 38,6 m (Bayern: Denkendorf, 125jährig) und 14,6 m (Württemberg: Baiersbronn, 99jährig), die Stammgrundflächen liegen entsprechend zwischen 74,79 qm (Braunschweig: Hüttenrode, 90jährig) bez. 74,09 qm (Bayern: Kaufbeuren, 110jährig) und 26,06 qm (Württemberg: Buhlbach, 99jährig).

Im allgemeinen läfst sich sagen, dafs, nach dem vorliegenden Material zu urteilen, die besten Bestände auf der Schwäbischbayrischen Hochebene und im Fränkischen Jura vorkommen und im allgemeinen in Süddeutschland zahlreicher vertreten sind, als in Mitteldeutschland, wo nur die schlesichen Gebirge ähnliche Wachstumsverhältnisse zeigen. Die Extreme der Bonitäten liegen ferner in Süddeutschland weiter auseinander, als in Mittel- und Norddeutschland.

Nach der absoluten Höhe ihrer Standorte verteilen sich die Probeflächen in folgender Weise auf Regionen von 200 m[1]).

Wachstumsgebiet	1 bis 100 m	101 bis 200 m	201 bis 400 m	401 bis 600 m	601 bis 800 m	801 bis 1000 m	über 1000 m
	Flächen	Flächen	Flächen	Flächen	Flächen	Flächen	Flächen
1. Die mitteldeutschen Gebirge u. Norddeutschland	18	5	30	76	64	26	—
2. Süddeutschland	—	—	6	127	42	19	1

Die weitaus überwiegende Mehrzahl der Flächen liegt demnach zwischen 400 und 800 m. Nach Ausscheidung der ostpreufsischen Bestände gehören in Süddeutschland nur 6, in Mitteldeutschland 35 Bestände einer tieferen Region an, über 1000 m liegt eine einzige Fläche in Baden.

Da das Grundlagenmaterial von verschiedenen Versuchsanstalten geliefert worden ist, so ist dasselbe natürlich nicht ganz gleichartig. Wenn auch die Auswahl der Flächen gewifs überall mit grofser Sachkenntnis und die Aufnahme derselben mit der erforderlichen Gewissenhaftigkeit vorgenommen wurde, so läfst sich doch eine gewisse Verschiedenheit der individuellen Ansichten unmöglich ganz vermeiden. Dieselbe tritt namentlich in der mehr oder weniger strengen Auffassung des Begriffes der Normalität, sowie bezüglich der Durchforstungsweise hervor, welche bei sämtlichen Versuchsanstalten keineswegs vollkommen übereinstimmt.

Zu einer näheren Erörterung bietet noch das Ergebnis der wiederholten Aufnahmen von ständigen Versuchsflächen Veranlassung.

Schon ein Blick auf die in Tabelle I enthaltenen Zahlen, noch mehr aber eine graphische Darstellung derselben zeigt, dafs die zwei- und dreimaligen Aufnahmen der gleichen Fläche sowohl bezüglich der Masse als auch bei den massenbildenden Fak-

---

[1]) Für einige Probeflächen fehlt die Angabe der absoluten Höhe.

toren keineswegs immer stetig verlaufende Kurvenstücke darstellen, sondern in einer sehr grofsen Anzahl von Fällen
gebrochene Linien mit scheinbar ganz unregelmäfsigem Verlauf
bilden.

Da diese Erscheinung bei allen Versuchsanstalten zu beobachten ist, so kann die Schuld keinenfalls den Versuchsleiter
treffen, sondern es mufs die Erklärung in anderen Verhältnissen
gesucht werden. Als solche dürften meines Erachtens besonders
folgende drei Momente in Betracht kommen.

1. Die Fichte leidet mehr als irgend ein anderer unserer
Waldbäume durch Sturmbeschädigungen, zu denen sich, namentlich im Stangenholzalter, auch noch Schneebruch gesellt.

Beiden Kalamitäten sind schon viele Versuchsflächen zum
Opfer gefallen, andere wurden aber nur in geringerem Mafse
betroffen und können deshalb noch als normal betrachtet werden,
ebenso wie die Anlage von Probeflächen in derartigen Beständen
noch zulässig erscheint, wenn die Beschädigung gewisse Grenzen
nicht überschreitet.

Da nun die Fichte weiter die Eigenschaft hat, auf vermehrten Lichtgenufs durch Steigerung des Zuwachses ziemlich stark
zu reagieren, so mufs der Wachstumsgang derartiger Bestände
gegenüber intakt gebliebenen Abweichungen zeigen. Wenn z. B.
eine Probefläche nach der ersten Aufnahme durch Windbruch
beschädigt wird, so kann bei der nächsten Aufnahme eine verhältnismäfsig zu geringe Zunahme oder eventuell sogar eine Abnahme in der Masse und Kreisfläche konstatiert werden, während
bis zur dritten Aufnahme durch den vermehrten Stärkenzuwachs
infolge der Lichtstellung die Kreisfläche und damit auch die
Masse eine aufsergewöhnliche Vermehrung erfährt; oder umgekehrt, eine Fläche war kurz vor der Anlage durchbrochen, konnte
aber noch als normal angesehen werden; hier wird entsprechend
der Zuwachs von der ersten zur zweiten Aufnahme stärker sein,
als von der zweiten zur dritten.

2. Da der regelmäfsige Durchforstungsbetrieb, namentlich
in jüngeren Beständen, erst in der neuesten Zeit allgemein geübt
wird, so wurden viele der Versuchsflächen nach ihrer Anlage
ganz anders behandelt, als dieses vorher der Fall gewesen war,
und zwar in der Weise, dafs sie aus oft recht dichtem Schlufs
in eine verhältnismäfsig viel freiere Stellung übergeführt wurden,
womit auch eine entsprechend rasche Steigerung des Zuwachses

verbunden war. Lorey hat auf dieses Verhalten bereits bei Bearbeitung der zweiten Fichtenaufnahmen für Württemberg hingewiesen[1]). Wird für die einzelnen Lebensalter ein verschiedener Durchforstungsgrad angenommen, so veranlaſst der Wechsel desselben ähnliche Sprünge.

3. Endlich ist auch die bisherige Methode der Aufnahme keineswegs vollständig einwandfrei. In verschiedenen Fichtengebieten sind die Stämme durch das Schälen des Rotwildes stark beschädigt und zeigen infolgedessen in Meſshöhe Miſsbildungen, welche bei wiederholten Kluppierungen wegen ungleichmäſsigen Anlegens der Instrumente zu Differenzen Veranlassung geben. Derartige Bestände waren aber nicht zu vermeiden, wenn man nicht ganze Gebiete, namentlich den Harz, von den Ertragsuntersuchungen ausschlieſsen wollte. Nicht minder führt bei wiederholten Aufnahmen in stark geneigtem Terrain das verschiedene Herantreten des Kluppenführers an die Stämme zu Abweichungen, wenn nicht, was früher keineswegs allgemein der Fall war, die Meſshöhe genau und dauerhaft bezeichnet ist. Noch gröſsere Fehler werden aber veranlaſst durch die vielfach ungenügende Anzahl von Probestämmen, welche bei den wiederholten Aufnahmen naturgemäſs abnehmen muſs, da es immer schwieriger wird, die gewünschten Stämme zu finden. Je weniger Probestämme aber gefällt werden, desto mehr treten die individuellen Abweichungen der Formzahlen in den Vordergrund, und können hierdurch ganz gewaltige Differenzen, namentlich in den älteren Beständen, veranlaſst werden. Endlich ist noch auf das unkontrollierte Verschwinden von Stämmen bei der überwiegenden Mehrzahl von Probeflächen hinzuweisen, welches für die Massenaufnahmen am Hauptbestand allerdings nicht in Betracht kommt, aber die genauere Ermittelung der Zwischennutzungserträge durch unmittelbare Beobachtung unmöglich macht.

Die sub 1 und 2 genannten Miſsstände werden umsomehr zurücktreten, je länger die Flächen beobachtet und gleichmäſsig behandelt werden, indem alsdann in den Kurvenstücken der normale Wachstumsgang immer deutlicher zum Ausdruck gelangt und es möglich ist, die unregelmäſsigen Zwischenpunkte mit Sicherheit auszuscheiden.

---

[1]) **Lorey**, Ertragsuntersuchungen an Fichtenbeständen. Supplement zur Allgem. Forst- u. Jagdzeitung, Bd. XII S. 46.

Weiter ist es meines Erachtens aber auch Aufgabe der Versuchsanstalten, die Methode der Behandlung und Aufnahme der Probeflächen zu verbessern, um einen höheren Genauigkeitsgrad der Arbeiten anzustreben.

Indem ich mir vorbehalte, an anderer Stelle auf diese Verhältnisse eingehender zurückzukommen, möchte ich hier nur hervorheben, dafs zu diesem Zweck namentlich folgende Punkte in Betracht kommen dürften: dauernde Bezeichnung der zur Fläche gehörigen Stämme sowie der Mefsstellen mit Ölfarbe, stammweise Nummerierung in Verbindung mit stammweiser Verbuchung der Durchmesser, wenigstens auf einer gröfseren Anzahl von Flächen, Ermittelung des seit der letzten Aufnahme erfolgten konkreten Höhenzuwachses an gefällten Probestämmen und Berechnung der Massen unter Benutzung von Massentafeln zur Kontrolle der an den Probestämmen ermittelten Formzahlen oder als Ersatz der Probestammfällung.

Aus den obgenannten Erörterungen über die Fehlerquellen folgt aber auch, dafs für die vorliegende Bearbeitung eine kritische und vorsichtige Würdigung des höchst umfangreichen Grundlagenmaterials erfolgen mufste. Die grofse Anzahl der Positionen war ein sehr günstiges Moment, indem schon hierdurch der Einflufs der Einzelabweichungen zum gröfsten Teil ausgeglichen wurde.

In Tabelle I sind die Ergebnisse aller Aufnahmen enthalten, welche mir von den Versuchsanstalten zur Verfügung gestellt worden sind. Lediglich mit Rücksicht auf die unbedingt gebotene Ersparung an Raum und Kosten wurden die Standortsbeschreibungen möglichst knapp gefafst und jene Zahlen, welche auf rein rechnerischem Wege aus den übrigen Angaben abgeleitet werden können, wie mittlerer Durchmesser und Bestandesformzahlen, weggelassen.

In der Litteratur wird, namentlich bei Besprechung der Ertragstafeln, immer der Wunsch geäufsert, dafs das Grundlagenmaterial möglichst vollständig mitgeteilt werde. Ich erkenne an, dafs hierdurch eine bessere Prüfung der ganzen Arbeit und eine vielseitigere Ausbeutung der vorliegenden Zahlen ermöglicht würde, allein solange die erforderlichen Mittel fehlen und der Autor gezwungen ist, auf dem Wege umfangreicher und oft wenig erfreulicher Korrespondenz die zur Publikation in der kürzesten Form nötigen Mittel zu beschaffen, mufs die Erfüllung dieses Wunsches unterbleiben.

Der Vortrag ist getrennt nach den beiden Wachstumsgebieten: Mitteldeutsches Gebirge und Norddeutschland einerseits, sowie Süddeutschland andererseits, wofür die nähere Begründung und Erläuterung dem nächsten Abschnitt vorbehalten bleibt, angeordnet. Innerhalb jedes derselben folgen die Flächen bonitätenweise nach dem Alter. Die Ergebnisse der wiederholten Aufnahmen sind der besseren Orientierung wegen bei jeder Fläche unmittelbar nacheinander vorgetragen, und war für die Einreihung in die Tabelle das Alter bei der ersten Aufnahme maſsgebend. Die Bonitierung erfolgte für Tabelle I nach der Mittelhöhe unter Benutzung der in den Ertragstafeln enthaltenen Höhenkurven, bei der Bearbeitung ist dagegen, wie weiter unten ausgeführt werden wird, die Bonitirung nach der Masse zu Grunde gelegt worden.

Übersicht

Tabelle I.

über die den Ertragstafeln zu Grunde liegenden Massenermittelungen.

Abkürzungen.

1. Versuchsanstalt.

Bad. = Baden.	S. = Sachsen.
Bay. = Bayern.	Pr. = Preussen.
Br. = Braunschweig.	W. = Württemberg.

2. Begründung.

N. = Naturverjüngung.	Bschl. = Büschelpflanzung.
Pfl. = Pflanzung.	S. = Saat.

3. Bodenbestandteile.

S. = Sand.	Gr. = Grus.
s. = sandig.	st. = steinig.
Th. = Thon.	zl. = ziemlich.
th. = thonig.	schw. = schwach.
K. = Kalk.	s. st. = sehr steinig.
k. = kalkig.	s. s. = sehr sandig.
M. = Mergel.	s. l. = sehr lehmig.
L. = Lehm.	grbk. = grobkörnig.
l. = lehmig.	fk. = feinkörnig.
anl. = anlehmig.	Untgrd. = Untergrund.
St. = Steine.	

„Oberförsterei“ in Spalte 3 bezeichnet für Bayern „Forstamt“.

A. Die mitteldeutschen Gebirge und Norddeutschland.

Ord. No.	Versuchsanstalt	Oberförsterei	Distrikt und Abteilung	Wachstumsgebiet	Grundgestein	Bodenbestandteile	Höhe über dem Meeresspiegel (m)	Begründung	Alter (Jahre)	Stammzahl	Stammgrundfläche (qm)	Mittlere Höhe (m)	Masse Derbholz (Festmeter)	Masse Reisig (Festmeter)	Masse Gesamt (Festmeter)
											des Bestandes				
I. Bonität.															
1a	S.	Hundshübel	56 d	Erzgebirge	Granit	mäss. st. Th.	550	Pfl.	15	15,400	—	3,8	2	97	99
b	"	"	"	" "	"	" st. "L. "	"	"	25	8688	38,53	7,7	107	153	260
2	"	Olbernhau	51 d	" "	Gneis	st. "L.	578	"	21	13,500	—	5,2	16	152	168
3a	"	Raschau	63 d	" "	Glimmerschiefer	l. S.	804	"	24	8000	34,81	7,2	85	143	228
b	"	" "	" "	" "	" "	"	"	"	29	5272	43,00	9,3	171	133	304
c	"	" "	" "	" "	" "	"	"	"	34	3604	49,33	11,1	253	123	376
4a	"	Einsiedel	42 i	" "	" Gneis "	s. "L.	716	"	24	7367	32,60	6,9	74	142	216
b	"	" "	" "	" "	"	"	"	"	29	5530	41,37	9,5	176	128	304
c	"	" "	" "	" "	"	"	"	"	34	4293	47,07	11,8	272	136	408
5a	"	Langebrück	21 m	Sächs. Hügelland	Diluvium	S.	225	"	24	3836	28,09	9,3	125	118	243
b	"	" "	" "	" "	" "	"	"	"	29	3032	35,03	11,7	208	118	326
c	"	" "	" "	" "	" "	"	"	"	34	2804	45,61	13,5	520	150	470
6	Br.	Holzminden	Eickenaken	Wesergebirge	Buntsandstein	L.	280	"	26	3300	41,40	13,2	240	116	356
7	Bay.	Kronach	X 2 a	Frankenwald	Grauwacke	"	450	"	28	4803	33,32	11,8	189	118	307
8	"	" "	" "	" "	" "	"	"	"	28	4757	37,00	12,3	219	125	344
9	Pr.	Padrojen	30	Ost-Preußen	Diluvium	"	40	S.	28	3520	36,02	12,3	223	112	335
10	"	Wilhelmsbruch	1	" "	" "	S.	20	Pfl.	31	2696	29,44	11,7	167	101	268
11	"	Padrojen	102	" "	" "	"	40	"	32	2288	33,76	13,5	240	120	360
12a	S.	Krottendorf	79 a	Erzgebirge	Gneis	zl. st. L.	691	"	32	3389	38,63	11,9	249	117	366
b	"	" "	" "	" "	"	" "	"	"	37	2863	49,68	13,9	366	113	479
c	"	" "	" "	" "	"	" "	"	"	42	2237	52,83	16,8	448	124	572
13	Br.	Hüttenrode	Trogf. Berg	" Harz "	Thonschiefer	" L. "	500	"	33	2348	47,05	13,7	300	114	414
14	Pr.	Padrojen	69	Ost-Preußen	Diluvium	"	40	"	33	2584	29,23	12,1	179	96	275

15a	S.	Ullersdorf	5c	Sächs. Hügelland	Diluvium	S.m.Th.	249	S.	33	2808	31,26	12,3	208	126	334
b	"	" "	"	" "	" "	"	"	"	38	2188	34,43	14,4	263	85	348
c	"	" "	"	" "	" "	"	"	"	43	1894	39,30	16,5	343	132	475
16a	S.	" "	25m	" "	" "	S. mit Eisenst.	247	Pfl.	33	2253	33,84	13,7	237	113	350
b	"	" "	"	" "	" "	" "	"	"	38	1910	36,50	15,1	291	92	383
c	"	" "	"	" "	" "	" "	"	"	43	1683	40,15	17,0	353	120	473
17	Pr.	Wilhelmsbruch	33	Ost-Preußen	" "	S.	20	"	35	2296	40,69	14,1	285	104	389
18	"	Padrojen	97	" "	" "	L.	40	S.	35	2512	30,25	13,0	207	107	314
19	"	" "	62a	" "	" "	L.	40	"	35	3456	35,23	13,0	239	120	359
20	"	Wilhelmsbruch	27	" "	" "	L.	20	Pfl.	36	2252	41,67	17,2	388	118	506
21a	S.	Eibenstock	53d	Erzgebirge	Granit	grobk.S.m.Th.	719	S.	36	2679	42,30	12,9	285	111	396
b	"	" "	"	" "	" "	" "			41	1966	43,08	15,3	351	111	462
22a	"	Hirschberg	1b	" "	Gneis	s. L. zl. stein.	576	Pfl.	37	3165	45,93	14,6	339	145	484
b	"	" "	"	" "	"	"	"	"	44	2439	51,21	18,5	510	116	626
c	"	" "	"	" "	"	"	"	"	47	2115	50,44	19,4	527	127	654
23a	Pr.	Padrojen	60b	Ost-Preußen	Diluvium	L.	40	"	38	2272	31,47	14,5	221	101	322
b	"	" "	"	" "	"	"	40	"	43	1964	35,79	16,4	267	90	357
24	"	Fritzen	22	" "	"		15	"	40	1924	44,01	17,9	416	89	505
25a	"	Schleusingen	153	Thüringen	Buntsandstein	l. S.	475	"	40	2884	38,28	15,0	293	110	403
b	"	" "	"	" "	" "	" "		"	49	1680	44,21	19,8	470	101	571
26a	S.	Langebrück	21i	Sächs. Hügelland	Diluvium	S. mit St.	217	"	41	1542	34,42	15,4	302	95	397
b	"	" "	"	" "	" "	" "	"	"	46	1282	36,31	17,9	358	88	446
c	"	" "	"	" "	" "	" "	"	"	51	1192	39,36	19,4	412	99	511
27a	Pr.	Osterode	110	" Harz "	Grünstein	s. Th.	400	Bschl.	42	1988	36,49	14,8	263	93	356
b	"	" "	"	" "	" "	" "	"	"	51	1448	42,93	18,8	419	81	500
28a	S.	Großpöhla	16i	Erzgebirge	Glimmerschiefer	Torf mit s. Untgrd.	751	Pfl.	43	2783	47,59	15,3	429	106	535
b	"	" "	"	" "	" "	" "	"	"	48	2147	48,34	17,5	481	102	583
c	"	" "	"	" "	" "	" "	"	"	53	1651	49,72	19,0	530	86	616
29	Br.	Hohegeiß	Spitzenberg 2	" Harz "	Grauwacke	" L. "	580	"	45	1880	40,43	17,2	365	85	450
30a	S.	Eibenstock	65e	Erzgebirge	Granit	L. s. st.	649	S.	48	2140	49,25	16,9	502	116	618
b	"	" "	"	" "	" "	" "			53	1619	48,09	19,6	501	101	602
31a	Pr.	Osterode	27b	" Harz "	Thonschiefer	s. Th.	330	Bschl.	49	1504	40,76	18,5	390	88	478
b	"	" "	"	" "	" "	" "			58	888	38,59	22,3	407	101	508
32	"	Padrojen	51	Ost-Preußen	Diluvium	L.	40	Pfl.	49	1872	42,29	18,0	387	143	530
33a	S.	Hundshübel	29c	Erzgebirge	Granit	kies. Granit S.	590	"	49	1011	37,05	19,6	368	108	476
b	"	" "	"	" "	" "	" "			54	844	36,49	20,8	377	98	475
34a	Pr.	Osterode	94	" Harz "	Grauwacke	s. Th.	400	"	50	1744	41,80	17,6	374	100	474
b	"	" "	"	" "	" "	" "	"	"	59	1172	43,26	21,4	474	95	569

Ord. No.	Versuchsanstalt	Oberförsterei	Distrikt und Abteilung	Wachstums- gebiet	Grundgestein	Boden- bestandteile	Höhe über dem Meeresspiegel m	Begründung	des Bestandes					
									Alter Jahre	Stammzahl	Stamm- grundfläche qm	Mittlere Höhe m	Masse		
													Derb- holz	Reisig	Ge- samt
													Festmeter		
I. Bonität.															
35a	S.	Lauter	38 i	Erzgebirge	Glimmerschiefer	zl. st. L.	568	S.	53	1813	51,74	18,7	559	114	673
b	"	" "	"	" "	" "	" "	"	"	58	1501	49,99	20,1	574	103	677
c	"	" "	"	" "	" "	" L. "	"	"	63	1142	51,34	22,4	640	108	748
36a	Pr.	Dietzhausen	12 c	Thüringen	Buntsandstein	s. L.	400	Pfl.	56	1236	49,07	25,3	656	94	750
b	"	" "	12 c	" "	" "	s. L.	400	"	65	912	53,8	28,0	796	97	893
37a	"	Schleusingen	153 b	" "	" "	l. S.	475	"	56	1683	50,70	22,4	604	96	700
b	"	" "	"	" "	" "	" "	"	"	65	1007	50,88	26,4	702	97	799
38a	Br.	Seesen	Wiesenkopf	Harz	Kulm. Grauwacke	L.	290	S.	58	1200	44,71	21,9	538	118	656
b	"	" "	"	" "	" "	" "	"	"	63	1116	49,41	23,4	636	139	775
39a	S.	Krottendorf	46 d	Erzgebirge	Glimmerschiefer	zl. st. L.	776	Pfl.	59	1640	61,17	22,8	769	121	890
b	"	" "	"	" "	" "	" " "	"	"	64	1411	58,67	23,3	759	112	871
c	"	" "	"	" "	" "	" L. "	"	"	69	1304	63,12	24,8	854	109	963
40a	"	Reinhardsdorf	16 b	Sächs. Schweiz	Quadersandstein	" L.	372	Pfl. u. S.	59	1119	43,10	23,1	538	96	634
b	"	" "	"	" "	" "	"	"	"	64	1012	46,12	24,8	621	114	735
c	"	" "	"	" "	" "	" L. "	"	"	69	971	49,81	25,9	681	119	800
41	"	Auersberg	25 h	Erzgebirge	Granit	S. mit St. u. L.	717	S.	61	802	51,62	25,2	695	102	797
42a	Pr.	Osterode	9	Harz	Grauwacke	s. Th.	450	Pfl.	63	1012	48,75	23,4	537	76	613
b	"	" "	"	" "	" "	"	"	"	72	700	51,00	25,7	607	80	687
43a	"	Reinerz	96	Sudeten	Gneis	L.	570	S.	64	1311	50,70	24,4	666	90	756
b	"	" "	"	" "	" "	"	"	"	73	979	55,00	26,9	780	103	883
44a	"	Reinerz	81	" "	Plänerkalk	k. L.	585	"	67	1249	53,97	24,8	719	87	806
b	"	" "	"	" "	" "	"	"	"	76	843	55,16	28,4	826	90	916
45a	S.	Auersberg	8 f	Erzgebirge	Granit	s. L.	725	"	67	1066	51,73	24,4	685	104	789
b	"	" "	"	" "	" "	"	"	"	72	972	53,41	24,7	696	114	810
c	"	" "	"	" "	" "	"	"	"	77	944	57,03	25,0	737	130	867
46	Pr.	" Suhl "	49 b	Thüringen	Porphyr	L.	630	N.	68	1044	53,49	24,7	683	89	772

47	Pr.	Hinternah	14	Thüringen	Thonschiefer	L.	430	N.	71	897	48,98	28,2	722	92	814
48a	„	Elend	118 a	Harz	„ „	s. Th. s. st.	580	S.	73	1028	58,94	24,7	779	100	879
b	„	„ „	„	„	„ „	„	„	„	82	784	57,34	27,6	830	105	935
49	„	Suhl	62	Thüringen	Porphyr	s. L.	565	„	73	1064	58,03	25,7	778	107	885
50	Br.	Tanne	Hint. Kopf	Harz	Grauwacke	th. L.	500	S.	74	1308	62,46	24,8	786	95	881
51a	S.	Hirschberg	42 k	Erzgebirge	Gneis	s. L. st.	617	„	77	1134	62,97	27,5	906	91	997
b	„	„ „	„	„ „	„	„ „	„	„	82	1026	62,75	28,5	907	97	1004
c	„	„ „	„	„ „	„	„ „	„	„	87	955	67,56	29,9	1051	126	1177
52	Pr.	Dietzhausen	61 a	Thüringen	Buntsandstein	schw. l. S.	470	„	95	957	46,41	24,9	572	80	652
53a	„	Schleusingen	156	„ „	„ „	l. S.	650	„	95	612	52,23	29,6	790	96	886
b	„	„ „	„	„ „	„ „	„	„	„	104	424	50,15	31,4	788	100	888
54a	„	Reinerz	61 b	Sudeten	Plänerkalk	L.	745	N.	95	666	71,53	31,8	1104	120	1224
b	„	„ „	„	„ „	„	„	„	„	104	560	71,55	33,3	1158	105	1263
55	„	Hinternah	52 b	Thüringen	Porphyr	„	470	„	101	664	57,8	31,2	888	119	1007
56	S.	Kunnersdorf	18 q	Sächs. Schweiz	Quadersandstein	l. S. m. St.	454	?	109	640	59,75	33,4	960	104	1064
57a	„	Lauter	15 o	Erzgebirge	Glimmerschiefer	sehr st. L.	685	?	116	500	55,13	32,8	872	121	993
b	„	„ „	„	„ „	„ „	„ „	„	„	121	450	50,43	34,5	891	107	998

II. Bonität.

58	S.	Raschau (II)	67 c	Erzgebirge	Glimmerschiefer	L.	615	Pfl.	17	18,860	—	3,0	2	114	116
59	„	Langebrück	21 l	Sächs. Hügelland	Diluvium	S.	224	„	17	12,000	—	3,9	—	93	93
60a	„	Erlbach	58 m	Voigtland	Thonschiefer	L.	635	„	18	16,300	—	4,4	4	130	134
b	„	„ „	„	„ „	„ „	„	„	„	28	6678	41,04	9,3	165	143	308
61a	„	Hundshübel	67 d	Erzgebirge	Granit	th. S.	660	„	25	7696	29,27	6,5	80	127	207
b	„	„ „	„	„ „	„	„	„	„	30	4782	37,24	9,1	165	118	283
c	„	„ „	„	„ „	„	„	„	„	35	3641	43,75	11,8	274	119	393
62a	„	Ullersdorf	6 d	Sächs. Hügelland	Diluvium	S.	251	„	29	4482	26,79	9,1	120	118	238
b	„	„ „	„	„ „	„ „	„	„	„	34	3237	29,75	11,1	168	95	263
c	„	„ „	„	„ „	„ „	„	„	„	39	2648	33,88	13,0	235	118	353
63a	„	Grosspöhla	23 b	Erzgebirge	Glimmerschiefer	L. sehr st.	855	S.	29	6528	36,63	7,6	127	133	260
b	„	„ „	„	„ „	„ „	„ „	„	„	34	5035	49,37	10,6	262	142	404
c	„	„ „	„	„ „	„ „	„ „	„	„	39	3468	54,99	12,5	347	129	476
64a	„	Kottenheide	69 b	Voigtland	Thonschiefer	Th.	652	Pfl.	31	5302	34,92	9,3	158	129	287
b	„	„ „	„	„ „	„ „	„	„	„	36	3293	37,62	12,3	253	100	353
c	„	„ „	„	„ „	„ „	„	„	„	41	2779	40,87	13,0	346	119	465
65a	„	Hirschberg	48 b	Erzgebirge	Gneis	s. L. zl. st.	604	S.	32	10,305	37,57	7,4	104	149	253
b	„	„ „	„	„ „	„	„ „	„	„	37	5843	38,52	9,6	185	126	311
c	„	„ „	„	„ „	„	„ „	„	„	42	4730	44,82	12,3	281	151	432

Tabelle: Spaltengruppe „des Bestandes" umfasst Alter, Stammzahl, Stammgrundfläche, Mittlere Höhe und „Masse" (Derbholz, Reisig, Gesamt – in Festmeter).

II. Bonität (Fortsetzung).

Ord. No.	Versuchsanstalt	Oberförsterei	Distrikt und Abteilung	Wachstumsgebiet	Grundgestein	Bodenbestandteile	Höhe über dem Meeresspiegel (m)	Begründung	Alter (Jahre)	Stammzahl	Stammgrundfläche (qm)	Mittlere Höhe (m)	Derbholz (Festmeter)	Reisig (Festmeter)	Gesamt (Festmeter)
66	Br.	Hohegeiss	Hohegeissberg 2	Harz	Devonische Grauwacke	L.	550	Pfl.	37	3960	36,78	10,3	172	118	290
67	Pr.	Wilhelmsbruch	33	Ost-Preußen	Diluvium	"	20	S.	37	3952	36,44	12,6	236	105	341
68	Br.	Tanne	Hasselhay II,	Harz	Thonschiefer	"	520	Pfl.	38	2892	41,59	12,1	273	120	393
69	Pr.	Fritzen	4	Ost-Preußen	Diluvium	"	30	S.	38	3260	27,43	11,3	170	78	248
70a	S.	Hirschberg	59b	Erzgebirge	Gneis	s. L. sehr st.	622	S.	39	4097	43,34	12,1	267	130	397
b	"	" "	"	" "	"	"	"	"	44	3357	46,64	13,7	356	113	469
c	"	" "	"	" "	"	" s. L. "	"	"	49	2695	51,46	16,3	477	134	611
71a	Br.	Helmstedt	Rabenbäume	Nordd. Hügelland	Keuper	s. L.	180	Pfl.	40	3748	35,42	12,4	218	129	347
b	"	"	"	"	"	"	"	"	46	2868	36,05	13,7	266	124	390
72a	Pr.	Osterode	" 33 "	" Harz "	Grauwacke	s. Th. st.	360	Bschl.	40	3340	36,36	12,4	222	120	342
b	"	"	"	"	"	" L. "	"	"	49	1660	35,77	17,6	346	85	431
73	"	Padrojen	58c	Ost-Preußen	Diluvium	L.	40	S.	40	3944	35,00	13,0	193	106	299
74a	S.	Eibenstock	5k	Erzgebirge	Granit	s. L.	836	Pfl.	41	3075	46,30	12,8	317	110	427
b	"	" "	"	" "	"	"	"	"	46	2393	47,50	15,0	389	109	498
c	"	" "	"	" "	"	"	"	"	51	2234	51,61	16,2	441	109	550
75	Br.	Hohegeiss	Hint. Wolfsberg 2	" Harz "	Diabas	L.	580	"	43	2948	45,02	12,6	291	110	401
76a	"	Stiege	Marienpfuhl	"	Grauwacke	"	550	"	46	2564	51,65	15,3	423	109	532
b	"	"	"	"	"	"	"	"	51	2188	54,13	16,9	499	116	615
77a	S.	Krottendorf	" 67d "	Erzgebirge	Gneis	sehr st. L.	788	"	46	2575	47,50	14,6	389	100	489
b	"	" "	"	" "	"	"	"	"	51	2122	48,44	15,9	419	104	523
c	"	" "	"	" "	"	"	"	"	56	1697	48,94	18,6	473	97	570
78	Pr.	Tzullkinnen	91	Ost-Preußen	Diluvium	" Moor "	30	N.	47	1976	36,90	16,4	333	90	423
79	Br.	Trautenstein	Ob. Hagenbruch	Harz	Quarzit	L.	520	Pfl.	48	3136	45,98	13,8	336	104	440
80	"	Seesen	Hint. Eichenrodt 2	"	Grauwacke	"	450	"	48	1960	39,83	15,6	303	93	396
81a	"	Helmstedt	Breitesenke	Nordd. Hügelland	Keuper	s. L.	180	"	51	2184	36,85	15,5	327	101	428
b	"	"	" "	" "	" "	"	"	"	57	1756	37,40	16,5	344	119	463

82	Pr.	Osterode	13b	Harz	Grauwacke	s. Th. s. st.	359	Bschl.	51	2016	47,74	17,4	443	118	561
83a	„	Schleusingen	89a	Thüringen	Buntsandstein	l. S.	550	„	51	2704	40,25	16,6	361	105	466
b	„	„ „	„	„ „	„ „	„		„	60	1920	44,80	20,1	502	95	597
84a	S.	Kriegwald	32a	Erzgebirge	Gneis	s. L.	764	Pfl.	51	2337	54,88	16,2	484	101	585
b	„	„ „	„	„ „	„	„		Bschl.	56	2037	55,64	16,9	499	108	607
c	„	„		„ „	„				61	1765	59,02	19,8	620	141	761
85	Br.	Tanne	Gr. Schieferkopf	„Harz„	Thonschiefer	Th.	530	S.	53	1924	45,02	16,5	396	100	496
86	„	Marienthal	Nördl. Thiesberg	Nordd. Hügelland	Liasthon	s. Th.	170	Pfl.	53	1645	36,95	17,7	350	98	448
87a	S.	Neudorf (I)	38d	Erzgebirge	Glimmerschiefer	L.	865	„	53	2193	59,08	18,7	594	111	705
b	„	„ „	„	„ „	„ „	„		„	58	1812	54,83	18,6	550	91	641
c	„		„	„ „	„ „	„		„	63	1719	59,70	21,2	669	121	790
88a	„	Ullersdorf	35d	Sächs. Hügelland	Diluvium	S. zl. st.	243	„	54	1674	47,00	19,7	494	114	608
b	„	„ „	„	„ „	„ „	„ „		„	59	1495	48,29	21,2	543	80	623
c	„	„ „	„	„ „	„ „	„ „		?	64	1416	50,94	22,1	594	100	694
89a	„	Einsiedel	22b	Erzgebirge	Gneis	s. L. zl. st.	794	?	54	2067	57,85	16,3	529	115	644
b	„	„ „	„	„ „	„ „	„ „		„	59	1844	61,94	17,2	587	112	699
c	„	„ „	„	„ „	„ „	„ „		„	64	1612	65,54	20,1	691	128	819
90a	Br.	Trautenstein	Unt. Radwege	„Harz„	Kiesel- und Thonschiefer	„L.„	527	Pfl.	55	2192	52,69	16,0	444	110	554
b	„	„ „	„	„	„ „ „	„		S.	59	1780	51,39	17,2	466	112	578
91	„	Seesen	Walmod. Kamp	„	Zechstein	„	350	S.	55	1776	45,65	17,5	433	101	534
92a	Pr.	Reinerz	140	Sudeten	Gneis	„	950	„	55	2062	53,42	16,2	471	99	570
b	„	„ „	„	„	„	„		„	64	1350	53,20	19,1	543	99	642
93a	S.	Auersberg	8g	Erzgebirge	Glimmerschiefer	s. Th. s. st.	740	„	55	1504	40,85	18,2	426	106	532
b	„	„ „	„	„ „	„ „	„ „		„	60	1330	43,35	19,5	473	111	584
c	„	„ „	„	„ „	„ „	„ „		„	65	1224	46,67	20,2	519	121	640
94a	Br.	Stiege	Kl. Harz	„Harz„	Grauwacke	L. mit St.	550	Pfl.	56	1688	54,30	19,0	573	129	702
b	„	„ „	„	„	„ „	„ „		„	61	1556	56,92	20,2	638	125	763
95a	S.	Krottendorf	26f	Erzgebirge	Glimmerschiefer	L., st.	860	S.	56	1572	53,94	19,6	565	97	662
b	„	„ „	„	„ „	„ „	„ „		„	61	1411	59,99	21,3	658	94	752
c	„	„ „	„	„ „	„ „	„ „		„	66	1222	61,82	22,7	730	104	834
96a	„	Kunnersdorf	51b	Sächs. Schweiz	Quadersandstein	th. S. m. St.	311	Pfl.	57	1675	42,56	19,8	466	108	574
b	„	„ „	„	„ „	„ „	„		„	62	1510	44,99	20,6	507	95	602
c	„	„ „	„	„ „	„ „	„ „		„	67	1464	49,82	21,3	566	100	666
97a	Pr.	Dietzhausen	15c	Thüringen	Buntsandstein	l. S.	450	„	58	1600	40,92	19,7	408	105	513
b	„	„ „	„	„ „	„ „	„ „		„	67	1150	45,00	23,4	551	93	644
98a	S.	Einsiedel	42a	Erzgebirge	„Gneis„	s. L. etw. st.	695	S.	58	1747	51,48	19,7	561	98	659
b	„	„ „	„	„ „	„ „	„ „		„	63	1558	51,04	20,4	587	96	683
c	„	„ „	„	„ „	„ „	„ „		„	68	1325	52,63	22,2	676	101	777
99	Pr.	„Suhl„	55b	Thüringen	Porphyr	s. L.	665	N.	59	1384	48,84	19,1	508	110	618

II. Bonität (Fortsetzung).

Spaltenüberschriften: *des Bestandes* umfasst Alter, Stammzahl, Stammgrundfläche, Mittlere Höhe und *Masse* (Derbholz, Reisig, Gesamt in Festmeter).

Ord. No.	Versuchsanstalt	Oberförsterei	Distrikt und Abteilung	Wachstumsgebiet	Grundgestein	Bodenbestandteile	Höhe über dem Meeresspiegel (m)	Begründung	Alter (Jahre)	Stammzahl	Stammgrundfläche (qm)	Mittlere Höhe (m)	Derbholz	Reisig	Gesamt
100a	Pr.	Schleusingen	56a	Thüringen	Buntsandstein	Th.	400	N.	60	1544	38,77	19,3	400	81	481
b	"	"	"	"	"	"	"	S.	69	1232	42,65	21,7	493	95	588
101	Br.	Trautenstein	Vord. Butterkopf 2	Harz	Thonschiefer	L.	520	"	61	1776	52,89	19,1	559	118	677
102	S.	Brunndöbra	65e	Voigtland	"	"	750	"	61	1727	46,67	19,9	517	96	613
103	Pr.	Suhl	79b	Thüringen	Porphyr	s. L. st.	800	S.	62	1220	48,56	19,2	504	105	609
104a	S.	Tannenhaus	50i	Voigtland	Thonschiefer	L.	689	"	62	1082	44,04	20,8	478	94	572
b	"	"	"	"	"	"	"	"	67	940	44,04	23,4	563	99	662
c	"	"	"	"	"	"	"	"	72	860	45,08	24,9	610	121	731
105a	"	Olbernhau	69f	Erzgebirge	Gneis	s. L. st.	717	N.	62	1847	48,69	18,7	504	83	587
b	"	"	"	"	"	"	"	"	67	1542	46,90	20,4	533	78	611
c	"	"	"	"	"	"	"	"	72	1380	50,37	21,7	612	106	718
106	Pr.	Fritzen	16	Ost-Preussen	Diluvium	L.	30	"	63	1056	39,05	21,2	447	74	521
107a	S.	Olbernhau	56n	Erzgebirge	Gneis	s. L.	733	"	63	1279	51,27	21,3	599	88	687
b	"	"	"	"	"	"	"	"	68	1069	48,30	23,2	621	65	686
c	"	"	"	"	"	"	"	"	73	1034	52,10	23,9	674	114	788
108	Pr.	Hinternah	74	Thüringen	Porphyr	"	600	S.	64	1088	43,00	20,3	453	98	551
109	Br.	Seesen	Sandberg	Harz	Grauwacke	th. S.	410	"	65	1112	52,41	21,5	641	82	723
110a	Pr.	Oderhaus	31	"	Thonschiefer	s. Th. mäss. st.	480	Bschl.	65	1460	56,98	22,2	631	117	748
b	"	"	"	"	"	"	"	"	74	964	54,71	24,2	655	106	761
111a	S.	Einsiedel	41c	Erzgebirge	Gneis	s. L. sehr st.	772	?	69	1404	61,23	21,7	689	94	783
b	"	"	"	"	"	"	"	Pfl.	74	1321	61,98	23,5	786	110	896
112	Br.	Trautenstein	Vord. Mühlenberg	Harz	Grauwacke u. Grünstein	L.	500	S.	72	1268	51,68	21,4	580	108	688
113a	Pr.	Elend	88c	"	Spiriferensandstein	s. Th.	580	N.	72	1124	49,57	22,4	586	96	682
b	"	"	"	"	Thonschiefer	"	"	"	81	904	51,60	24,5	666	95	761
114a	"	Elend	88c (I)	Harz	"	"	"	"	72	948	48,25	23,1	588	100	688
b	"	"	"	"	"	"	"	"	81	816	52,40	25,3	697	102	799

Nr.		Ort			Gestein										
115a	„	Oderhaus	23a (Plateau)	Harz	Thonschiefer	s. Th.	600	Bschl.	72	988	54,21	22,2	620	85	705
b	„	„ „	„ „	„	„	„	„	„	81	715	54,06	25,0	680	95	775
116a	„	Oderhaus	23a (Hang)	„	Grauwacke	„	584	„	72	1296	60,27	22,7	668	98	766
b	„	„ „	„ „	„	„	„	„	„	81	804	54,30	25,0	654	90	744
117a	Pr.	Oderhaus	„ 38a „	„	Hornfels	s. Th. st.	643	„	72	710	44,65	22,0	487	118	605
b	„	„ „	„	„	„	„	„	„	81	610	51,00	24,4	648	109	757
118a	„	Oderhaus	29a	„	Thonschiefer	s. Th. etw. st.	480	„	73	780	47,70	24,7	572	92	664
b	„	„ „	„	„	„	„ „	„	„	82	660	51,66	26,7	679	85	764
119a	„	Élend	140	„	Kieselschiefer	s. Th. st.	540	N.	74	1172	52,05	21,7	582	123	705
b	„	„ „	„	„	„	„ „	„	„	83	936	54,82	23,7	685	110	795
120a	„	Osterode	19b	„	Grauwackensandstein	„ „	330	„	74	992	49,07	21,3	526	114	640
b	„	„ „	„	„	„ „	„ „	„	„	83	804	50,40	23,9	598	120	718
121	„	Dietzhausen	112a	Thüringen	Porphyr	Porphyrkies etw. l.	530	Pfl.	74	1024	50,21	24,2	539	120	759
122	„	Schleusingen	58a	„ „	Buntsandstein	L. u. Th.	400	„	74	1236	47,86	23,8	607	107	714
123a	„	Reinerz	97	Sudeten	Gneis	L.	570	S.	74	1210	57,17	24,0	725	115	840
b	„	„ „	„	„ „	„	„	„	„	83	925	57,24	26,2	798	102	900
124a	„	Osterode	52a	Harz	Grauwacke	s. Th. st.	430	N.	78	803	52,80	24,4	600	117	717
b	„	„ „	„ „	„	„ „	„ „	„	?	87	643	51,56	26,5	633	114	747
125a	S.	Brunndöbra	47c	Voigtland	Thonschiefer	s. L. zl. st.	841	„	78	1158	55,48	22,4	673	99	772
b	„	„ „	„	„ „	„ „	„ „	„	„	83	1003	53,81	23,0	664	81	745
c	„	„ „	„	„ „	„ „	„ „	„	„	88	902	53,36	24,4	666	96	762
126a	Pr.	Schleusingen	56c	Thüringen	Buntsandstein	Th.	400	S.	81	1104	44,91	25,8	594	101	695
b	„	„ „	„	„ „	„ „	„ „	„	„	90	852	47,32	27,7	667	106	773
127a	S.	Breitenbrunn	44b	Erzgebirge	Glimmerschiefer	L. etw. st.	789	?	83	1240	63,23	24,3	805	97	902
b	„	„ „	„	„ „	„ „	„ „	„	„	88	1151	64,18	25,8	852	92	944
c	„	„ „	„	„ „	„ „	„ „	„	„	93	1066	64,37	26,6	887	107	994
128a	„	Erlbach	12c	Voigtland	Thonschiefer	s. L.	763	N.	84	913	47,85	24,2	626	105	731
b	„	„ „	„	„ „	„ „	„	„	„	89	849	48,73	24,7	654	98	752
c	„	„ „	„	„ „	„ „	„	„	?	94	811	50,22	25,0	673	106	779
129a	„	Einsiedel	4n	Erzgebirge	Gneis	s. L. st.	739	?	84	1103	51,76	24,0	688	77	765
b	„	„ „	„	„ „	„	„ „	„	„	89	1006	53,46	24,5	706	93	799
c	„	„ „	„	„ „	„	„ „	„	„	94	921	56,65	25,4	719	107	826
130a	Pr.	Dietzhausen	31a	Thüringen	Buntsandstein	l. S.	450	S.	86	1056	46,61	24,4	587	95	682
b	„	„ „	„ „	„ „	„ „	„	„	„	95	900	50,80	26,2	696	90	786
131	Bay.	Wunsiedel	VI 7c	Fichtelgebirge	Granit	L.	860	N.	88	776	50,55	25,0	694	114	808
132	Br.	Hüttenrode	Gr. Trogf. Berg	Harz	Grauwacke	„	490	S.	90	964	74,79	26,9	954	127	1081
133a	S.	Einsiedel	31g	Erzgebirge	Gneis	s. L. sehr st.	769	?	91	778	57,89	26,4	747	102	849
b	„	„ „	„ „	„ „	„	„	„	„	96	690	53,95	27,5	743	97	840
134	Pr.	Schleusingen	76b	Thüringen	Buntsandstein	anl. S.	470	N.	92	844	48,81	25,3	626	104	730

II. Bonität (Fortsetzung).

Ord. No.	Versuchsanstalt	Oberförsterei	Distrikt und Abteilung	Wachstums-gebiet	Grundgestein	Boden-bestandteile	Höhe über dem Meeresspiegel m	Begründung	Alter Jahre	Stammzahl	Stamm-grundfläche qm	Mittlere Höhe m	des Bestandes — Masse — Derbholz Festmeter	Reisig	Gesamt
135	Bay.	Fichtelberg	XXXV 2 c	Fichtelgebirge	Granit	Grus	750	N.	95	764	56,17	27,3	794	117	911
136	Pr.	Dietzhausen	112 a	Thüringen	Porphyr	Porphyrkies schw. l.	540	„	97	813	60,51	27,7	846	119	965
137a	„	Oderhaus	136	Harz	Thonschiefer	schw.-s Th. s. st.	550	„	98	644	64,83	28,7	852	101	953
b	„	„	„	„	„	„	„	„	107	444	58,85	30,1	746	89	835
138a	S.	Einsiedel	20 e	Erzgebirge	„ Gneis „	s. L. mäss. st.	787	?	98	716	53,44	26,7	728	73	801
b	„	„ „	„	„	„	„	„	„	103	666	53,65	26,6	771	79	850
c	„	„ „	„	„	„	„	„	„	108	635	55,94	28,1	814	112	926
139	Pr.	Dietzhausen	40 d	Thüringen	Buntsandstein	S. schw. l.	410	Pfl.	99	636	56,25	29,7	827	102	929
140a	S.	Kunnersdorf	1 a	Sächs. Schweiz	Quadersandstein	l. S. etw. st.	338	?	102	780	53,03	29,7	772	81	853
b	„	„ „	„	„	„	„	„	„	107	738	55,78	30,6	844	98	942
c	„	„ „	„	„	„	„	„	„	112	728	58,02	30,8	859	111	970
141	„	Olbernhau	79 i	Erzgebirge	„ Gneis	s. L.	725	N.	103	597	54,88	29,2	777	87	864
142a	Pr.	Schulenberg	50	Harz	Grauwackenschiefer	schw. s. Th.	584	Pfl.	104	818	64,75	29,2	941	97	1038
b	„	„ „	„	„	„	„	„	„	113	700	63,63	30,3	955	96	1051
143	„	Hinternah	54 b	Thüringen	„ Porphyr	„ L. „	540	N.	105	548	50,69	30,2	707	96	803
144	„	Schleusingen	90 a	„ „	Buntsandstein	l. S.	550	Pfl.	109	723	47,75	27,2	651	91	742
145	„	Dietzhausen	71 a	„ „	„ „	S.	390	N.	113	819	45,87	27,9	655	102	757
146	„	Dietzhausen	58 c	„ „	„ „	„	400	„	122	654	50,48	30,7	754	78	832
147	„	Osterode	17 a	Harz	Kieselschiefer	s. Th. st.	350	„	135	454	55,54	30,3	833	100	933

III. Bonität.

Ord. No.	Versuchsanstalt	Oberförsterei	Distrikt und Abteilung	Wachstums-gebiet	Grundgestein	Boden-bestandteile	Höhe über dem Meeresspiegel m	Begründung	Alter Jahre	Stammzahl	Stamm-grundfläche qm	Mittlere Höhe m	Derbholz	Reisig	Gesamt
148	S.	Tannenhaus	33 d	Voigtland	Thonschiefer	Th.	747	Pfl.	16	26,600	—	2,6	—	55	55
149	„	Raschau (I)	67 c	Erzgebirge	Glimmerschiefer	L.	594	S.	17	24,687	—	2,4	—	92	92
150	„	Schönheide	77 c	„ „	Granit	Th.	728	Pfl.	18	16,200	—	3,0	2	64	66
151	„	Reinhardsdorf	22 b	Sächs. Schweiz	Quadersandstein	l. S. mit St.	386	„	26	9000	—	4,9	7	109	116

152a	„	Erlbach	18 k	Voigtland	Thonschiefer	zl. st. L.	773	S.	33	9240	32,18	6,6	98	123	221
b	„	„ „	„	„ „	„ „	„ „	„	„	38	5180	33,91	9,2	163	98	261
c	„	„ „	„	„ „	„ „	„ „	„	„	43	3972	36,24	10,8	206	105	311
153a	„	Brunndöbra	39 a	„ „	„ „	s. L. zl. st.	793	„	34	8805	38,67	7,8	119	159	278
b	S.	„ „	„	„ „	„ „	„ „	„	„	39	5110	38,10	9,6	176	115	291
c	„	„ „	„	„ „	„ „	„ „	„	„	44	4325	40,94	11,4	233	133	366
154a	„	Kottenheide	77 a	„ „	„ „	sehr st. L.	746	Pfl.	34	7610	32,28	6,9	88	123	211
b	„	„ „	„	„ „	„ „	„ „	„	„	39	6054	35,05	7,6	129	119	249
c	„	„ „	„	„ „	„ „	„ „	„	„	44	5343	38,59	8,8	164	125	289
155a	„	Einsiedel	68 a	Erzgebirge	Gneis	s. L. st.	811	„	38	6445	34,53	7,5	113	109	222
b	„	„ „	„	„ „	„	„ „	„	„	43	4803	37,96	9,3	175	107	282
c	„	„ „	„	„ „	„	„ L. „	„	„	48	4100	41,86	11,0	228	117	345
156	Br.	Tanne	Vord. Eisernpfähle	Harz	Thonschiefer	„ L.	520	„	40	4264	30,22	9,1	113	97	210
157	„	Tanne	„ „	„	„	„ „	„	„	40	5100	30,21	8,7	117	116	233
158a	Pr.	Oderhaus	25 a	„	Grauwacke	s. Th. st.	584	Bschl.	44	3292	39,52	12,1	226	125	351
b	„	„ „	„	„	„	„ „	„	„	53	1836	40,78	15,5	343	85	428
159a	S.	Lauter (I)	19 c	Erzgebirge	Glimmerschiefer	s. st. L.	643	Pfl.	48	2696	32,67	12,5	217	92	309
b	„	„ „	„	„ „	„ „	„ „	„	„	53	2534	35,50	13,4	260	84	344
c	„	„ „	„	„ „	„ „	„ „	„	„	58	2259	40,03	15,3	319	86	405
160a	„	Hundshübel	74 c	„ „	Granit	s. L. zl. st.	539	S.	49	3876	34,46	11,6	216	128	344
b	„	„ „	„	„ „	„	„ „	„	„	54	2752	34,06	13,9	265	106	371
c	„	„ „	„	„ „	„	„ „	„	„	59	2360	36,02	15,0	278	114	392
161a	„	Rosenthal	3 b	Sächs. Schweiz	Quadersandstein	th. S.	427	Pfl.	50	2441	38,39	13,7	302	122	424
b	„	„ „	„	„ „	„ „	„	„	„	55	2096	39,62	14,4	317	115	432
c	„	„ „	„	„ „	„ „	„	„	„	60	1889	42,33	15,6	371	122	493
162a	„	Einsiedel	11 d	Erzgebirge	Gneis	s. L. mäss. st.	757	S.	51	3271	46,59	14,2	366	101	467
b	„	„ „	„	„	„	„ „	„	„	56	3003	52,14	15,1	431	106	537
c	„	„ „	„	„ „	„	„ „	„	„	61	2563	54,22	17,0	501	132	633
163a	„	Neudorf (II)	38 d	„ „	Glimmerschiefer	L. s. st.	892	Pfl.	53	2728	52,02	15,0	423	105	528
b	„	„	„	„ „	„ „	„ „	„	„	58	2330	50,40	15,8	440	96	536
c	„	„	„	„ „	„ „	„ L.	„	„	63	2145	52,77	17,0	484	134	618
164	Br.	Tanne	Vord. Eisernpfähle	Harz	Thonschiefer	L.	530	„	55	2370	39,18	14,1	293	95	388
165a	S.	Langebrück	22 o	Sächs. Hügelland	Diluvium	S.	224	?	56	1423	31,50	16,7	312	77	389
b	„	„ „	„	„ „	„	„	„	„	61	1235	33,47	18,4	347	80	427
c	„	„ „	„	„ „	„	„	„	„	66	1169	35,94	18,4	362	114	476
166	Br.	Tanne	Mittl. Flade	Harz	Grauwacke	th. L.	510	S.	58	2568	43,99	15,4	364	97	461
167a	S.	Erlbach	21 d	Voigtland	Thonschiefer	zl. st. L.	680	„	58	2195	42,05	15,8	382	96	478
b	„	„ „	„	„ „	„ „	„ „	„	„	63	1643	40,35	17,6	402	96	498
c	„	„ „	„	„ „	„ „	„ „	„	„	68	1560	42,94	18,8	445	107	552

III. Bonität (Fortsetzung).

Columns 10–16 are grouped under the heading "des Bestandes"; columns 14–16 (Derbholz, Reisig, Gesamt) are grouped under "Masse" with the unit "Festmeter".

Ord. No.	Versuchsanstalt	Oberförsterei	Distrikt und Abteilung	Wachstums-gebiet	Grundgestein	Boden-bestandteile	Höhe über dem Meeresspiegel (m)	Begründung	Alter (Jahre)	Stammzahl	Stamm-grundfläche (qm)	Mittlere Höhe (m)	Derbholz	Reisig	Gesamt
168a	S.	Krottendorf	50h	Erzgebirge	Glimmerschiefer	st. L.	853	Pfl.	59	2110	54,48	17,1	515	120	635
168b	"	"	"	"	"	"	"	"	64	1940	54,84	17,3	504	89	593
168c	"	"	"	"	"	"	"	"	69	1739	55,24	18,2	528	107	635
169a	"	Auersberg	14a	"	"	s. L. s. st.	878	S.	59	2182	46,22	15,6	398	86	484
169b	"	"	"	"	"	"	"	"	64	1866	46,67	16,2	410	95	505
169c	"	"	"	"	"	"	"	"	69	1673	48,53	17,7	461	106	567
170a	"	Erlbach	22c	Voigtland	Thonschiefer	s. L.	678	"	59	2637	43,42	15,4	414	102	516
170b	"	"	"	"	"	"	"	"	64	1981	42,87	17,0	450	95	545
170c	"	"	"	"	"	"	"	"	69	1755	44,50	18,6	483	98	581
171a	"	Neudorf	36a	Erzgebirge	Glimmerschiefer	L. s. st.	886	Pfl.	60	2784	50,63	14,8	407	103	510
171b	"	"	"	"	"	"	"	"	65	2380	49,25	16,2	437	91	528
171c	"	"	"	"	"	"	"	"	70	2122	50,23	17,1	464	127	591
172	Br.	Tanne	Grüne Gründchen	Harz	Thonschiefer	th. L.	540	S.	62	1750	47,66	17,6	449	92	541
173a	S.	Auersberg	9m	Erzgebirge	Glimmerschiefer	sehr st. L.	707	"	62	1507	42,39	16,9	407	93	500
173b	"	"	"	"	"	"	"	"	67	1345	43,57	18,3	443	84	527
173c	"	"	"	"	"	"	"	"	72	1258	46,14	19,2	479	102	581
174a	Pr.	Schulenberg	68a	Harz	Grauwacke	s. st. L. S.	613	Bschl.	64	1453	48,63	16,5	400	89	489
174b	"	"	"	"	"	"	"	"	73	1050	50,60	18,9	482	90	572
175	"	Fritzen	5a	Ostpreussen	Diluvium	Moor	30	N.	65	1237	38,42	18,6	374	99	473
176	"	Schleusingen	84b	Thüringen	Buntsandstein	l. S.	480	S.	67	1452	37,37	18,9	381	93	474
177	Bay.	Fichtelberg	IX 6a	Fichtelgebirge	Granit	Grus	870	N.	68	1508	45,85	17,0	413	64	477
178	"	Fichtelberg	IX 1b	"	"	l. S.	870	"	68	1558	43,90	17,6	395	51	446
179	"	Weissenstadt	II 5a	"	Gneisart. Glimmer	L.	860	"	70	1260	42,25	18,4	444	93	537
180	"	Wunsiedel	VII 15b	"	"	Grus	755	"	70	1368	42,26	19,9	466	87	553
181	"	Fichtelberg	XXXVI 11a	"	Granit	"	819	"	77	1016	42,74	19,5	465	87	552

182a	S.	Auersberg	47a	Erzgebirge	Granit	l. S. m. St.	734	S.	78	1234	40,20	21,5	485	73	558
b	„	„ „	„	„ „	„	„ „	„	„	83	1117	40,16	21,2	473	79	552
c	„	„ „	„	„ „	„	„ L. „	„	„	88	1081	44,48	22,2	537	98	635
183a	„	Lauter	4g	„ „	Glimmerschiefer	„st. L.“	688	„	78	1536	48,23	21,5	578	97	675
b	„	„	„	„ „	„	„	„	„	83	1430	48,87	22,2	597	78	675
184a	„	Reinhardsdorf	17b	Sächs. Schweiz	Quadersandstein	l. S. etw. st.	323	„	78	986	37,38	22,6	432	81	513
b	„	„ „	„	„ „	„ „	„ „	„	„	83	906	37,93	23,8	474	87	561
c	„	„ „	„	„ „	„ „	„ S. „	„	„	88	864	39,80	24,1	501	75	576
185	Pr.	Schleusingen	89b	Thüringen	Buntsandstein	„ S.	560	N.	80	1055	41,42	21,5	460	82	542
186	„	Schleusingen	82a	„ „	„	„	530	S.	83	1236	44,20	21,8	506	82	588
187	S.	Kottenheide	39e	Voigtland	Thonschiefer	L.	698	„	83	1198	55,53	22,6	689	102	791
188	Br.	Hohegeiss	Kl. Henneckenkopf	Harz	Grauwacke		580	„	83	744	41,25	23,5	496	97	593
189	Bay.	Weissenstadt	III 11d	Fichtelgebirge	Granit	Gr.	850	N.	83	1100	46,31	21,1	544	83	627
190a	S.	Eibenstock	1i	Erzgebirge	„	s. L. st.	859	„	84	876	51,73	22,5	641	102	743
b	„	„ „	„	„ „	„	„ „	„	„	89	854	52,53	23,6	656	107	763
c	„	„ „	„	„ „	„	„ „	„	„	94	815	54,08	22,5	617	95	712
191a	„	Krandorf	7b	„ „	Glimmerschiefer	L. st.	871	?	84	1395	54,77	20,4	609	104	713
b	„	„ „	„	„ „	„ „	„	„	„	89	1253	54,62	21,4	618	107	725
c	„	„ „	„	„ „	„ „	Gr.	„	„	94	1117	55,93	22,5	691	97	788
192	Bay.	Wunsiedel	VI 10d	Fichtelgebirge	Gneisart. Glimmer	Gr.	870	N.	88	708	57,03	23,9	742	122	864
193	„	Weissenstadt	III 18b	„ „	Granit	„	900	„	91	1040	59,93	21,2	669	120	789
194a	Pr.	Dietzhausen	14	Thüringen	Buntsandstein	S.	450	S.	94	1270	42,81	24,3	561	77	638
b	„	„ „	„	„ „	„	„	„	„	103	1000	44,00	25,8	614	71	685
195	„	Schleusingen	86b	„ „	„	S. mit Th.	580	N.	100	880	49,99	25,6	628	112	740
196a	„	Zobten	3a	Sudeten	Gabbro	st. th. S.	500	„	103	912	58,78	24,1	733	145	878
b	„	„	„	„ „	„	„	„	„	112	760	58,94	25,7	772	150	922
197a	„	Osterode	87a	Harz	Grauwacke	s. Th. st.	400	„	105	628	46,76	26,0	590	110	700
b	„	„ „	„	„ „	„	„	„	„	114	532	48,64	28,0	666	110	776
198a	S.	Hundshübel	30b	Erzgebirge	Granit	S. grbk. m. L.	560	„	127	629	44,61	26,0	584	91	675
b	„	„ „	„	„ „	„	„	„	„	132	600	43,43	26,6	619	96	715

IV. Bonität.

199a	S.	Brunndöbra	60f	Voigtland	Thonschiefer	s. L.	685	S.	38	9744	31,00	6,3	67	132	199
b	„	„ „	„	„ „	„ „	„	„	„	43	5282	29,77	8,4	109	103	212
c	„	„ „	„	„ „	„ „	„	„	„	48	4667	33,48	9,5	152	139	291
200a	„	Rosenthal	46f	Sächs. Schweiz	Quadersandstein	th. S.	486	Pfl.	42	4048	25,72	7,7	112	106	218
b	„	„ „	„	„ „	„ „ .	„	„	S.	47	3108	27,39	9,3	145	120	265
c	„	„ „	„	„ „	„ „	„	„	„	52	2628	33,68	11,2	218	119	337

IV. Bonität (Fortsetzung).

Ord. No.	Versuchsanstalt	Oberförsterei	Distrikt und Abteilung	Wachstums-gebiet	Grundgestein	Boden-bestandteile	Höhe über dem Meeresspiegel m	Begründung	Alter Jahre	Stammzahl	Stamm-grundfläche qm	Mittlere Höhe m	Derbholz	Reisig	Gesamt
													Festmeter		
201a	S.	Brunndöbra	19g	Voigtland	Thonschiefer	Th.	659	S.	46	4766	21,83	6,4	76	79	155
b	"	" "	"	" "	" "	"	"	"	51	3299	22,72	8,4	108	82	190
c	"	" "	"	" "	" "	"	"	"	56	2783	24,86	10,9	140	95	235
202a	Br.	Stiege	Obere. Schallite II.	Harz	Kieselschiefer	s. Th.	574	"	48	3524	34,44	10,1	174	93	267
b	"	" "	"	" "	" "	"	"	"	53	3160	38,74	11,1	215	115	320
203a	S.	Hundshübel	21g	Erzgebirge	Granit	s. L.	561	"	48	6123	30,72	9,0	124	129	253
b	"	" "	"	" "	" "	"	"	"	53	3896	29,59	11,1	175	98	273
c	"	" "	"	" "	" "	"	"	"	58	3412	32,02	12,5	223	95	318
204a	"	Lauter (II)	19c	" "	Glimmerschiefer	s. st. L.	645	Pfl.	49	4391	31,95	9,4	156	109	265
b	"	" "	"	" "	" "	"	"	"	54	3960	34,27	10,9	201	101	302
c	"	" "	"	" "	" "	"	"	"	59	3336	36,45	12,2	233	83	316
205	Pr.	Dietzhausen	76a	Thüringen	Buntsandstein	l. S.	380	S.	58	4404	35,36	10,8	189	102	291
206a	"	Schleusingen	81c	" "	" "	anl. S.	550	Pfl.	58	2970	35,10	13,2	248	80	328
b	"	" "	"	" "	" "	"	"	"	67	2355	40,45	15,4	331	90	421
207a	S.	Auersberg	31i	Erzgebirge	Granit	s. L.	942	S.	59	3334	54,85	14,3	458	84	542
b	"	" "	"	" "	" "	"	"	"	64	2824	53,53	14,5	431	96	527
c	"	" "	"	" "	" "	"	"	"	69	2610	56,10	14,6	456	104	560
208	Bay.	Fichtelberg	XXXVI 6b	Fichtelgebirge	" "	Grus	750	N.	61	1840	32,76	14,2	256	72	328
209a	S.	Erlbach	10d	Voigtland	Thonschiefer	s. st. L.	764	"	64	2548	42,20	14,0	335	101	436
b	"	" "	"	" "	" "	"	"	"	69	1920	40,75	16,7	398	74	472
c	"	" "	"	" "	" "	"	"	"	74	1752	42,61	17,5	422	97	519
210	Bay.	Fichtelberg	XXXV 2b	Fichtelgebirge	Urthonschiefer	Gr.	750	"	68	2012	32,89	15,1	271	68	339
211a	Pr.	Schulenberg	147b	Harz	Spiriferensandst.	s. Th. s. st.	760	"	71	1128	37,39	16,3	337	58	395
b	"	" "	"	" "	" "	"	"	"	80	932	40,25	18,5	404	65	469
212	Bay.	Wunsiedel	VII 3a1	Fichtelgebirge	Gneisart. Glimmer	Gr.	770	"	76	1460	37,13	16,2	347	81	428
213	"	Fichtelberg	IX 4b	" "	Granit	l. S. mit Gr.	775	"	81	1444	43,08	18,5	456	81	537

214	Bay.	Weissenstadt	III 13e	Fichtelgebirge	Granit	Gr.	920	N.	82	1280	45,05	17,6	443	85	528
215		Weissenstadt	III 17b	"	Gneisart. Glimmer	"	940	"	83	1200	42,12	16,6	377	75	452
216a	S.	Breitenbrunn	40b	Erzgebirge	Glimmerschiefer	s. st. L.	902	?	88	1452	50,00	19,7	563	97	660
b	"	" "	"	" "	" "	"	"	"	93	1352	50,67	20,5	533	89	622
c	"	" "	"	" "	" "	"	"	"	98	1254	52,23	21,1	601	94	695
217a	Pr.	Dietzhausen	25b	Thüringen	Buntsandstein	l. S.	450	S.	94	1437	39,39	18,9	383	90	473
b	"	" "	"	" "	" "	"	"	"	103	1240	42,00	20,3	452	75	527

V. Bonität.

218a	S.	Hundshübel	29e	Erzgebirge	Granit	l. S. grbk.	570	S.	49	5324	21,05	7,0	59	88	147
b	"	" "	"	" "	" "	"	"	"	54	4408	23,83	8,4	97	83	180
c	"	" "	"	" "	" "	"	"	"	59	3992	27,18	9,1	118	96	214
219a	"	Rosenthal	31f	Sächs. Schweiz	Quadersandstein	s. L. zl. st.	510	"	49	7496	31,55	7,7	107	128	235
b	"	" "	"	" "	" "	"	"	"	54	5920	31,78	8,7	135	124	259
c	"	" "	"	" "	" "	"	"	"	59	4532	33,74	9,8	169	117	286
220	Pr.	Dietzhausen	30	Thüringen	Buntsandstein	S.	380	"	60	4976	27,28	9,7	136	106	242
221	"	Schulenberg	161	Harz	Spiriferensandst.	s. st. L.	770	Pfl.	71	1196	34,01	13,3	248	82	330
222a	"	Elend	90a	"	" "	s. Th.	580	Bschl.	71	2592	35,75	12,2	200	111	311
b	"		"	"	" "	"	"	"	80	1872	36,38	14,4	281	77	358
223	"	Dietzhausen	82b	Thüringen	Buntsandstein	schw. anl. S.	400	S.	75	2373	32,17	13,1	229	76	305
224	S.	Schönheide	68a	Erzgebirge	Granit	s. st. L.	687	"	80	2000	36,19	14,9	314	78	392
225	Pr.	Suhl	87c	Thüringen	Porphyr	Geröll	880	N.	90	1736	40,01	15,0	338	81	419

B. Süddeutschland.

I. Bonität.

Ord. No.	Versuchsanstalt	Oberförsterei	Distrikt und Abteilung	Wachstumsgebiet	Grundgestein	Boden-bestandteile	Höhe über dem Meeresspiegel (m)	Begründung	Alter (Jahre)	Stammzahl	Stamm-grundfläche (qm)	Mittlere Höhe (m)	Derbholz	Reisig	Gesamt
1	Bay.	Waldmünchen	XVI 7	Bayrischer Wald	Granit	s. L.	817	Pfl.	23	4080	24,97	7,9	92	111	203
2a	W.	Kapfenburg	Hohlbruch 2B.	Ellwangerwald	Brauner Jura (Sandstein)	L. mit S.	540	"	24	4232	34,55	10,7	156	127	283
b	"	" "	" "	" "	" "	"	"	"	30	2876	38,95	13,6	265	101	366
c	"	" "	" "	" "	" "	"	"	"	37	2496	44,80	17,0	389	107	496
3a	"	Kapfenburg	Gehrhalde 3B.	" "	" "	L.	510	"	24	5824	30,04	8,6	97	139	236
b	"	" "	" "	" "	" "	"	"	"	29	3820	30,28	10,6	151	115	266
4a	"	Kapfenburg	Gehrhalde 2C.	" "	" "	"	510	"	26	4412	28,66	9,0	122	117	239
b	"	" "	" "	" "	" "	"	"	"	31	3324	30,04	11,2	155	114	269
c	"	" "	" "	" "	" "	"	"	"	39	3395	38,57	14,0	267	87	354
5a	"	Bettenrente	Gansbühl B.	Oberschwaben	Diluvium	l. S.	570	N.	26	6928	30,84	7,8	135	144	279
b	"	" "	" "	" "	" "	"	"	"	33	4080	40,85	11,9	246	134	380
c	"	" "	" "	" "	" "	"	"	"	39	2736	41,43	15,1	319	71	390
6a	"	Heiligkreuzthal	Kiesbuckl	" "	" "	s. L.	570	Pfl.	27	3676	43,87	13,5	272	114	386
b	"	" "	" "	" "	" "	"	"	"	34	2872	50,01	16,5	436	132	568
7	Bay.	Ottobeuren	I 7c	Schw. Bay. Hocheb.	" "	l. S.	860	"	29	4072	49,36	12,2	283	131	414
8	"	Sachsenried	V 7	" "	" "	"	800	"	29	4410	48,37	11,8	251	148	399
9	"	Freising	VII 4b	Bayr. Hochebene	" "	"	507	S.	30	4372	32,07	11,4	197	66	263
10	"	Freising	" "	" "	" "	s. L.	507	"	30	6725	38,48	11,2	257	78	335
11a	W.	Weingarten	Brunstgr. 1 A.	Oberschwaben	" "	l. S.	680	N.	30	7604	38,25	10,9	200	118	318
b	"	" "	" "	" "	" "	"	"	"	36	5266	45,69	12,5	309	153	462
c	"	" "	" "	" "	" "	"	"	"	43	3484	50,29	16,6	456	90	546

12a	W.	Weingarten	Postwies 3 A.	Oberschwaben	Diluvium	s. L.	605	Pfl.	30	5258	37,41	10,1	193	132	325
b	"	" "	" "	" "	" "	"	"	"	36	3748	45,87	12,8	322	135	457
c	"	" "	" "	" "	" "	"	"	"	38	3748	53,46	13,7	392	127	519
d	"	" "	" "	" "	" "	"	"	"	43	2782	55,04	16,9	469	90	559
13a	"	Weingarten	Postwies 1 C.	" "	" "	l. S.	605	"	30	3336	39,47	11,8	262	110	372
b	"	" "	" "	" "	" "	"	"	"	36	2432	47,18	15,7	372	129	501
c	"	" "	" "	" "	" "	"	"	"	38	2308	52,07	17,3	473	107	580
d	"	" "	" "	" "	" "	"	"	"	43	2192	58,44	19,6	560	91	651
14	Bay.	Eurasburg	I 7 a	Bayr. Hochebene	" "	"	456	"	31	3640	37,26	12,3	235	98	333
15a	Bad.	Pforzheim	I 17	Nördl. Schwarzw.	Buutsandstein	Th.	446	"	31	4620	37,38	10,3	192	148	340
b	"	" "	"	" "	"	"	"	"	35	4120	40,07	12,6	256	134	390
c	"	" "	"	" "	"	"	"	"	40	3044	41,99	14,0	346	129	475
16a	"	Pforzheim	"	" "	"	"	446	"	31	3000	31,00	11,4	181	123	304
b	"	" "	"	" "	"	"	"	"	35	2572	36,44	13,8	258	112	370
c	"	" "	"	" "	"	"	"	"	40	1932	37,90	16,0	342	120	462
17a	"	Pforzheim	"	" "	"	"	446	"	31	2580	31,46	12,2	188	110	298
b	"	" "	"	" "	"	"	"	"	35	2136	33,42	14,5	242	100	342
c	"	" "	"	" "	"	"	"	"	40	1768	37,15	16,8	348	101	449
18a	W.	Weingarten	Brunstgr. 2 B.	Oberschwaben	Diluvium	l. S.	680	N.	31	5512	36,12	11,0	219	113	332
b	"	" "	" "	" "	" "	"	"	"	37	4352	45,89	13,4	352	139	491
c	"	" "	" "	" "	" "	"	"	"	44	2844	48,63	17,3	448	71	519
19a	"	Weingarten	Brunstgr. 3 C.	" "	" "	s. L.	680	"	31	3614	35,37	11,9	253	89	342
b	"	" "	" "	" "	" "	"	"	"	37	2706	41,69	15,2	351	110	461
c	"	" "	" "	" "	" "	"	"	"	44	2242	47,81	18,8	477	75	552
20a	"	Weingarten	Postwies 2 B.	" "	" "	"	605	Pfl.	31	4168	39,22	11,3	244	114	358
b	"	" "	" "	" "	" "	"	"	"	37	3220	49,88	13,8	361	130	491
c	"	" "	" "	" "	" "	"	"	"	39	3030	52,89	—	---	—	539
d	"	" "	" "	" "	" "	"	"	"	44	2510	56,66	18,4	496	94	590
21a	"	Heiligkreuzthal	Langweiherstück 1 B.	" "	" "	l. S.	570	S.	33	3060	41,20	13,3	283	133	416
b	"	" "	"	" "	" "	"	"	"	40	2380	47,22	15,9	425	116	541
22a	"	Heiligkreuzthal	Langweiherstück 2 C.	" "	" "	"	570	"	33	2716	38,35	13,6	264	123	387
b	"	" "	"	" "	" "	"	"	"	40	2376	45,10	15,7	392	120	512
23a	"	Heiligkreuzthal	Grünriedle 2 C.	" "	" "	s. L.	"	Pfl.	33	2876	38,48	14,2	271	104	375
b	"	" "	"	" "	" "	"	"	"	40	2532	46,33	17,1	405	104	509
24	Bay.	Freising	VII 6 c	Bayr. Hochebene	" "	l. S.	500	"	34	2810	51,47	15,5	452	135	587
25a	W.	Heiligkreuzthal	VII 1 B.	Oberschwaben	" "	s. L.	570	"	35	3208	45,47	14,2	313	122	435
b	"	"	Grünriedle	" "	" "	"	"	"	42	2508	49,80	17,0	440	116	556
26a	"	Eningen	Eulwiese 1 C.	Alb-Plateau	Weisser Jura	"	760	"	35	1872	44,10	16,1	354	119	473
b	"	" "	" "	" "	" "	"	"	"	40	1700	53,91	18,9	517	155	672

I. Bonität (Fortsetzung).

Ord. No.	Versuchsanstalt	Oberförsterei	Distrikt und Abteilung	Wachstums-gebiet	Grundgestein	Boden-bestandteile	Höhe über dem Meeresspiegel m	Begründung	des Bestandes Alter Jahre	Stammzahl	Stamm-grundfläche qm	Mittlere Höhe m	Masse Derbholz	Masse Reisig	Masse Ge-samt
27a	W.	Eningen	Eulwiese 2 D.	Alb-Plateau	Weißer Jura	s. L.	760	Pfl.	35	2448	38,96	14,3	285	118	403
b	"	"	" "	" "	" "	"	"	"	40	2132	47,12	17,2	430	103	533
28a	"	Baindt	Stellplatz C.	Oberschwaben	Diluvium	"	497	N.	40	2164	39,56	16,0	298	63	361
b	"	" "	" "	" "	" "	"	"	"	47	1612	50,41	19,5	497	143	640
c	"	" "	" "	" "	" "	"	"	"	54	1400	53,69	21,4	574	62	636
29a	"	Ellenberg	Stahlwies 4 B.	Ellwangerwald	Keuper	s. mit th. Untgrd.	500	Pfl.	42	2176	40,86	16,3	358	113	471
b	"	" "	" "	" "	" "	" "	"	"	48	1224	41,26	19,6	405	107	512
c	"	" "	" "	" "	" "	" "	"	"	55	1120	46,11	22,7	537	77	614
30a	"	Baindt	Schindlbach. Haag C.	Oberschwaben	Diluvium	s. L.	590	Bschl.	42	2008	54,16	18,3	433	173	606
b	"	" "	" "	" "	" "	"	"	" "	48	1552	58,24	21,5	650	146	796
c	"	" "	" "	" "	" "	"	"	" "	55	1312	58,48	23,4	616	55	671
31	"	Sulzbach	Kocherhald C.	Ellwangerwald	Keuper	st. S.	—	Pfl.	43	1552	45,71	20,9	484	90	574
32a	"	Sulzbach	Forst 1 B.	" "	" "	S.	—	"	43	2124	50,56	18,9	500	85	585
b	"	" "	" "	" "	" "	"	—	"	50	1784	51,57	22,0	594	98	692
33a	"	Sulzbach	Forst 2 C.	" "	" "	"	—	"	43	1604	47,26	19,9	488	101	589
b	"	" "	" "	" "	" "	"	—	"	48	1496	53,34	23,6	665	105	770
34a	"	Sulzbach	Forst 3 D.	" "	" "	"	—	"	43	1556	41,43	19,6	422	88	510
b	"	" "	" "	" "	" "	"	—	"	48	1416	49,81	22,0	568	95	663
35a	"	Baindt	Reishaufen B.	Oberschwaben	Diluvium	s. L.	504	N.	44	2208	41,99	18,3	400	85	485
b	"	" "	" "	" "	" "	"	"	"	51	1888	49,51	20,3	557	144	701
c	"	" "	" "	" "	" "	"	"	"	58	1636	55,39	24,8	586	63	649
36	"	Altheim	Grss. Jäcklmad. B.	Alb	Weisser Jura	L.	—	Pfl.	47	1996	51,56	18,0	502	73	575
37a	Bad.	Ottenhöfen	I 11	Nördl. Schwarzw.	Granit	s. Th.	600	S.	49	1094	50,19	23,3	617	110	727
b	"	" "	" "	" "	" "	"	"	"	54	897	52,81	25,0	674	123	797
38a	"	Mittelberg	VII 3	" "	Buntsandstein	Letten	390	Pfl.	50	1656	57,66	21,6	651	112	763
b	"	" "	" "	" "	" "	"	"	"	55	1244	58,31	24,1	732	109	841

(Alter in Jahre; Stamm-grundfläche in qm; Mittlere Höhe in m; Masse — Derbholz, Reisig, Gesamt — in Festmeter.)

39a	Bad.	Ottenhöfen	I 6	Nördl. Schwarzw.	Granit	s. Th.	615	S.	50	1230	48,98	22,8	600	106	706
b	"	" "	"	" "	" "	"	"	"	55	1093	53,90	25,1	701	109	810
c	"	" "	"	" "	" "	"	"	"	60	837	50,65	25,9	679	78	757
40	W.	Sulzbach	Alt Feld	Ellwangerwald	Keuper	S.	—	S. u. Pfl.	50	1168	44,50	21,0	486	94	580
41a	Bad.	Ottenhöfen	I 22	Nördl. Schwarzw.	Granit	s. Th.	600	S.	58	1014	49,64	23,2	624	108	732
b	"	" "	"	" "	" "	"	"	"	63	855	51,01	25,8	679	93	772
c	"	" "	"	" "	" "	"	"	"	68	623	46,10	27,1	644	83	727
42	W.	Lichtenstein	Pfannenb. 1	Alb	Weifser Jura	s. L.	—	Pfl.	59	1256	53,28	24,4	688	84	772
43	"	Lichtenstein	Pfannenb. 2	"	" "	"	—	"	59	1204	54,02	24,2	679	79	758
44	"	Lichtenstein	Honauer Oeschle.	"	" "	"	—	"	59	1296	50,34	24,1	653	—	—
45	Bay.	Ottobeuren	I 1 b	Schw. Bay. Hocheb.	Diluvium	l. S.	860	N.	62	1100	69,61	26,5	973	82	1055
46	W.	Lichtenstein	Renn. Brühl.	Alb	Weifser Jura	s. L.	—	Pfl.	68	1095	58,60	26,0	754	68	822
47a	"	Kapfenburg	Sohlhau 2 B.	Ellwangerwald	" "	Kalkmergel	—	N.	74	564	56,36	28,2	733	93	826
b	"	"	"	"	" "	" "	—	"	80	404	51,69	—	—	—	—
48a	"	Baindt	Hint. Bann. B.	Oberschwaben	Diluvium	s. L.	500	"	75	638	49,07	28,6	596	87	683
b	"	" "	"	" "	" "	"	"	"	89	585	61,69	31,2	843	43	886
49	Bay	Mähring	V 5 d	Bayr. Wald	Granit	L. u. S.	530	"	76	860	55,39	27,9	789	112	901
50	"	Welden	V 5	Schw. Bay. Hocheb.	Diluvium	l. S.	420	"	76	644	51,30	28,1	678	95	773
51a	Bad.	Mittelberg	VII 3	Nördl. Schwarzw.	Buntsandstein	Th.	390	Pfl.	77	820	74,99	31,3	1045	107	1152
b	"	" "	"	" "	" "	"	"	"	82	672	71,20	33,1	1108	93	1201
52a	"	Pforzheim	I 33	" "	" "	"	380	"	77	1015	72,34	28,1	961	162	1123
b	"	"	"	" "	" "	"	"	"	82	935	74,67	28,8	1037	122	1159
c	"	"	"	" "	" "	"	"	"	87	835	73,58	30,5	1062	134	1196
53a	W.	Dankoltsweiler	Wolfsgr. 3 B.	Ellwangerwald	Keuper	S.	440	N.	82	756	62,78	31,1	983	88	1071
b	"	" "	" "	" "	"	"	"	"	91	548	59,75	34,2	949		
c	"	" "	" "	" "	"	"	"	"	95	512	60,14	34,6	959	53	1012
54a	"	Kapfenburg	Brandeck 2 B.	" "	Weifser Jura	L.	460	"	82	668	61,92	30,9	829	88	917
b	"	" "	"	" "	" "	"	"	"	95	616	70,96	34,8	1083	96	1179
55a	"	Kapfenburg	Brandeck 1 B.	" "	" "	"	460	"	83	696	61,28	29,4	761	81	842
b	"	" "	"	" "	" "	"	"	"	96	616	68,17	33,8	1015	89	1104
56a	"	Weingarten	Jäg. Moos B.	Oberschwaben	Diluvium	s. L.	612	"	83	484	57,58	30,9	826	103	929
b	"	" "	"	" "	" "	"	"	"	96	464	65,12	32,5	854	32	886
57	Bay	Eurasburg	I 7 b	Bayr. Hochebene	" "	"	460	"	88	824	71,26	31,4	1091	97	1188
58a	W.	Kapfenburg	Waidschl. 1 B.	Ellwangerwald	Weifser Jura	L.	—	"	88	588	62,46	30,5	843	95	938
b	"	" "	"	" "	" "	"	"	"	101	540	71,73	33,9	1105	83	1188
59	Bay.	Mähring	III 1 c	Bayr. Wald	Granit	s. L.	530	"	93	540	52,83	31,2	959	126	1085
60a	W.	Baindt	Schwefl. Brunn 3 B.	Oberschwaben	Diluvium	"	550	"	94	538	50,46	32,1	724	99	823
b	"	"	" "	" "	" "	"	"	"	108	504	59,30	34,8	833	37	870
61	"	Baindt	Schwefl. Brunn 4 B.	" "	" "	l. S.	550	"	96	468	55,66	34,7	847	111	958

| | | | | | | | | | des Bestandes | | | | Masse | | |
Ord. No.	Versuchsanstalt	Oberförsterei	Distrikt und Abteilung	Wachstums-gebiete	Grundgestein	Boden-bestandteile	Höhe über dem Meeresspiegel m	Begründung	Alter Jahre	Stammzahl	Stamm-grundfläche qm	Mittlere Höhe m	Derb-holz	Reisig	Ge-samt
I. Bonität (Fortsetzung).														Festmeter	
62	Bay.	Denkendorf	VIII 1 a	Fränk. Jura	Kalk	th. K.	430	N.	98	476	60,77	34,7	953	138	1091
63	W.	Baindt	Schwefl. Brunn 2 B.	Oberschwaben	Diluvium	s. L.	550	„	98	512	53,90	33,3	797	95	892
64	„	Hohenberg	Hirschlesbuk 1 B.	Ellwangerwald	Keuper	l. S.	—	S.	101	452	52,63	36,5	856	62	918
65	Bay.	Mähring	V 2 d	Bayr. Wald	Granit	s. L.	530	N.	104	572	65,19	33,5	1124	102	1226
66	„	„ „	V 3 b	„ „	„	„		„	107	516	63,59	34,1	1024	90	1114
67	„	Kaufbeuren	I 2 b	Schw. Bay. Hocheb.	Diluvium	„	642	„	110	406	74,09	36,7	1163	139	1302
68	„	Dienhausen	VI 2 a	„ „	„ „	„	800	„	112	604	63,46	34,1	952	77	1029
69	„	Sachsenried	III 8 a	„ „	„ „	„	800	„	113	485	69,79	36,0	1019	92	1111
70	„	Denkendorf	X 6 ac	Fränk. Jura	Kalk	th. K.	430	„	125	360	58,91	38,6	970	82	1052
71	„	Denkendorf	X 4 u. 5	„ „	„	„	„	„	126	280	54,52	38,3	876	121	997
II. Bonität.															
72	Bay.	Waldmünchen	XVI 7	Bayr. Wald	Granit	s. L.	817	Pfl.	15	6,975	8,39	3,4	2	78	80
73	„	„ „	„	„ „	„	„	„	S.	18	14,435	24,54	4,6	11	151	162
74	„	„ „	„	„ „	„	„	„	„	24	12,467	40,29	7,5	78	196	274
75a	W.	Schrezheim	Schindwies 2 C.	Ellwangerwald	Keuper	S. mit L.	460	Pfl.	26	4992	23,69	7,8	63	99	162
b	„	„ „	„ „	„ „	„	„ „	„	„	31	3896	31,00	10,4	143	111	254
c	„	„ „	„ „	„ „	„	„ „	„	„	39	3236	34,50	13,4	229	101	330
76a	„	Kapfenburg	Gehrhalde 1 B.	„ „	Brauner Jura	„ L. „	510	„	28	7305	34,67	9,0	113	142	255
b	„	„ „	„ „	„ „	„	„	„	„	33	6250	39,66	9,8	166	162	328
c	„	„ „	„ „	„ „	„	„	„	„	41	3905	39,55	13,6	267	92	359
77	Bay.	Sachsenried	V 6 u. 7	Schw. Bay. Hocheb.	Diluvium	„	803	S.	29	8540	51,16	9,7	214	175	389
78a	W.	Schrezheim	Schindwies 1 B.	Ellwangerwald	Keuper	S. mit L.	460	Pfl.	30	5508	26,87	7,9	90	121	211
b	„	„ „	„ „	„ „	„	„ „	„	„	35	4384	35,19	10,2	175	122	297
c	„	„ „	„ „	„ „	„	„ „	„	„	43	3760	41,64	12,9	282	123	405

79a	Bad.	St. Blasien	IV 9	Südl. Schwarzwald	Granit	th. S.	930	Pfl.	37	5326	49,09	12,1	301	143	444
b	"	" "	"	" "	"	"	"	"	41	4140	49,71	13,8	346	115	461
c	"	" "	"	" "	"	"	"	"	46	3048	47,48	15,5	398	105	503
80a	W.	Baindt	Krummoos B.	Oberschwaben	Diluvium	l. S.	550	N.	38	5452	35,96	10,0	230	130	360
b	"	"	" "	" "	" "	"	"	"	44	3716	41,27	13,5	322	146	468
c	"	"	" "	" "	" "	"	"	"	51	2584	40,06	15,6	325	74	399
81a	"	Weingarten	Brunstgr. 4 D.	" "	" "	"	680	S.	39	3436	39,29	13,5	281	111	392
b	"	"	" "	" "	" "	"	"	"	46	2528	45,59	17,7	417	62	479
82a	Bad.	St. Blasien	IV 9	Südl. Schwarzwald	Granit	th. S.	945	Pfl.	40	3980	50,47	12,7	337	133	470
b	"	" "	"	" "	"	"	"	"	44	3127	49,63	14,4	368	103	471
c	"	" "	"	" "	"	"	"	"	49	2267	47,09	16,4	407	90	497
83a	W.	Ellenberg	Tränkberg 1 B.	Ellwangerwald	Keuper	S. mit L.	500	"	45	2712	48,27	16,5	407	98	505
b	"	"	" "	" "	"	" "	"	"	51	1660	44,71	18,9	442	109	551
c	"	"	" "	" "	"	" "	"	"	58	1256	44,81	22,2	502	74	576
84	Bay.	Mähring	V 8 c	Bayr. Wald	Granit	s. L.	530	N.	48	2260	41,99	16,1	387	133	520
85a	W.	Baindt	Kohlstättle C.	Oberschwaben	Diluvium	"	504	"	50	1656	37,23	19,6	362	73	435
b	"	"	" "	" "	"	"	"	"	57	1388	46,34	21,9	529	130	659
c	"	"	" "	" "	"	"	"	"	64	1248	51,91	23,6	562	46	608
86	Bay.	Kaufbeuren	VIII 1 d	Schw. Bay. Hocheb.	"	"	800	"	54	2328	58,39	18,5	611	101	712
87a	W.	Schrezheim	Glasbch. Halde 8 B.	Ellwangerwald	Keuper	S. mit Th.	470	"	54	2632	45,08	17,7	465	98	563
b	"	"	" "	" "	"	" "	"	"	59	1892	46,12	20,8	516	108	624
c	"	"	" "	" "	"	" "	"	"	67	1552	50,72	22,8	600	75	675
88	"	Altheim	Lang. Buch B.	Alb	Weisser Jura	L.	—	S.	54	2440	46,00	16,7	404	76	480
89	Bay.	Mähring	V 3 a	Bayr. Wald	Granit	s. L.	530	N.	55	2296	53,96	18,7	578	128	706
90a	W.	Hohenberg	Alt. Schloss 2 B.	Ellwangerwald	Keuper	S. mit L.	460	"	55	1872	52,72	19,2	581	107	688
b	"	" "	" "	" "	"	" "	"	"	61	1300	53,95	22,0	606	114	720
c	"	" "	" "	" "	"	" "	"	"	68	1144	55,80	24,5	726	79	805
91a	"	Baindt	Schanzbühl B.	Oberschwaben	Diluvium	s. L.	580	"	55	1288	41,36	20,8	461	94	555
b	"	"	" "	" "	" "	"	"	"	62	1060	46,75	23,2	580	119	699
c	"	"	" "	" "	" "	"	"	"	69	884	50,89	24,9	618	62	680
92a	"	Baindt	Wolfswies B.	" "	" "	l. S.	570	"	55	1214	42,18	20,6	465	102	567
b	"	"	" "	" "	" "	"	"	"	62	1004	51,44	24,1	631	104	735
c	"	"	" "	" "	" "	"	"	"	69	880	56,99	27,1	733	61	794
93	"	Pfronstetten	Althau B.	Alb	Weisser Jura	L.	720	S.	55	1565	37,43	20,4	402	59	461
94a	"	Baindt	Lanzwies B.	Oberschwaben	Diluvium	s. L.	550	N.	57	1300	47,23	21,0	522	108	630
b	"	"	" "	" "	"	"	"	"	63	1024	50,44	23,5	598	103	701
c	"	"	" "	" "	"	"	"	"	70	816	50,85	25,3	595	47	642
95	Bay.	Denkendorf	V 1 a	Fränk. Jura	Kalk	th. K.	430	"	58	1648	48,68	20,5	548	101	649

II. Bonität (Fortsetzung).

Ord. No.	Versuchsanstalt	Oberförsterei	Distrikt und Abteilung	Wachstums-gebiet	Grundgestein	Boden-bestandteile	Höhe über dem Meeresspiegel m	Begründung	des Bestandes Alter Jahre	Stammzahl	Stamm-grundfläche qm	Mittlere Höhe m	Masse Derbholz Festmeter	Masse Reisig	Masse Gesamt
96a	W.	Kapfenburg	Ruittal III 7c	Ellwangerwald	Brauner Jura	s. L.	500	N.	58	1368	45,88	21,4	501	85	586
b	W.	" "	" "	" "	" "	"	"	"	64	1076	45,58	24,0	562	90	652
c	"	" "	" "	" "	" "	"	"	"	71	1064	50,75	25,4	652	94	746
97	Bay.	Mähring	V 6c	Bayr. Wald	Granit	"	530	"	59	864	36,60	20,6	403	84	487
98a	W.	Weingarten	Brent.-Bühl B.	Oberschwaben	Diluvium	L. mit S.	650	"	59	2666	40,40	15,3	360	72	432
b	"	" "	" "	"	"	"	"	"	65	2018	43,96	18,6	435	100	535
c	"	" "	" "	"	"	"	"	"	72	1574	44,85	21,1	498	54	552
99	"	Baindt	Krummoos C.	"	"	s. L.	550	"	60	1216	38,08	18,7	367	104	471
100a	"	Baindt	Moosöhrreute B.	"	"	"	500	"	61	1376	37,43	19,1	361	95	456
b	"	"	" "	"	"	"	"	"	67	1272	44,98	20,6	471	96	567
c	"	"	" "	"	"	"	"	"	74	1184	48,36	22,5	525	57	582
101	Bay.	Welden	III 4	Schw. Bay. Hocheb.	"	l. S.	420	S.	64	1360	51,68	23,6	663	98	761
102	"	Welden	"	"	"	"	"	"	64	1452	51,33	21,9	621	100	721
103a	Bad.	Pforzheim	I 21	Nördl. Schwarzw.	Buntsandstein	Th.	460	N.	64	1360	47,48	22,2	570	117	687
b	"	" "	"	"	"	"	"	"	69	1176	49,40	23,8	634	110	744
c	"	" "	"	"	"	"	"	"	74	940	48,12	24,9	623	103	726
104a	W.	Baindt	Spieglwies C.	Oberschwaben	Diluvium	s. L.	492	"	64	752	38,84	22,7	408	86	494
b	"	"	"	"	"	"	"	"	78	658	50,59	28,9	701	45	746
105	Bay.	Eurasburg	I 7b2	Bayr. Hochebene	"	l. S.	460	"	65	1088	51,73	23,3	626	71	697
106	W.	Baindt	Reishaufen B.	Oberschwaben	"	s. L.	500	"	65	994	41,14	22,2	428	87	515
107	Bay.	Dienhausen	I 6d	Schw. Bay. Hocheb.	"	"	800	"	66	1617	63,18	23,0	779	88	867
108a	W.	Baindt	Lanzwies C.	Oberschwaben	"	"	550	"	68	928	49,22	23,8	537	136	673
b	"	"	" "	" "	"	"	"	"	74	760	52,10	26,7	700	96	796
c	"	"	" "	" "	"	"	"	"	81	668	53,71	27,2	691	50	741
109	Bay.	Mähring	II 2c	Bayr. Wald	Granit	"	530	"	69	1108	50,20	23,2	717	121	838

Nr.	Staat	Ort	Bestand	Wuchsgebiet	Geologie	Bodenart	Höhe	Lage							
110a	Bad.	Baden	I 4	Nördl. Schwarzw.	Buntsandstein	s. Th.	255	S.	859	90	769	25,2	57,30	911	69
b	„	„	„	„	„	„	„	„	855	111	744	26,5	55,44	783	75
c	„	„	„	„	„	s. L.	„	N.	912	115	797	28,2	54,23	623	80
111a	W.	Baindt	Tannweg 3 C.	Oberschwaben	Diluvium	„	535	„	589	116	473	20,5	45,68	1136	70
b	„	„	„	„	„	„	„	„	680	111	569	23,8	46,42	888	76
c	„	„	„	„	„	„	„	„	666	41	625	25,7	50,06	800	83
112a	„	Weingarten	Wirtsplatz 2 C.	„	„	„	620	„	658	78	580	21,6	49,45	1454	71
b	„	„	„	„	„	„	„	„	706	102	604	24,1	50,15	1188	77
c	„	„	„	„	„	„	„	„	721	62	659	26,0	52,63	1068	84
113a	„	Kapfenburg	Kuhstelle 1 B.	Ellwangerwald	Weiss. Jura (Marmorkalk)	L.	—	„	662	112	550	24,4	56,43	916	72
b	„	„	„	„	„	„	—	„	—	—	—	—	53,45	640	78
c	„	„	„	„	„	„	—	„	810	78	732	28,6	59,64	612	85
114	Bay.	Cham	LXVI 1b	Bayr. Wald	Granit	s. L.	400	„	628	83	545	23,4	42,01	950	73
115	„	Freising	VII 9	Bayr. Hochebene	Diluvium	l. S.	500	„	662	73	589	23,2	48,63	1260	74
116	„	Mähring	II 10a	Bayr. Wald	Granit	s. L.	530	„	802	83	719	24,9	50,41	1084	75
117	„	Dienhausen	I 4b	Schw. Bay. Hocheb.	Diluvium	s. L. st.	800	„	1049	107	942	24,9	71,03	1330	75
118a	W.	Weingarten	Rappenb. 3 B.	Oberschwaben	„	s. L.	—	„	697	84	613	23,6	48,55	1028	76
b	„	„	„	„	„	„	—	„	780	46	734	27,8	55,50	896	89
119	Bay.	Mähring	II 2c	Bayr. Wald	Granit	„	530	„	825	95	730	26,0	53,26	904	77
120a	W.	Crailsheim	Kopplw. 2 B.	Ellwangerwald	Keuper	grobk. S.	530	„	686	99	587	23,8	47,70	900	77
b	„	„	„	„	„	„	„	„	800	69	731	29,3	51,66	736	88
121a	„	Baindt	Galgenw. B.	Oberschwaben	Diluvium	s. L.	568	„	713	116	597	25,4	49,01	884	77
b	„	„	„	„	„	„	„	„	—	—	—	—	49,31	588	86
c	„	„	„	„	„	„	„	„	711	31	680	29,9	51,86	580	90
122a	„	Crailsheim	Kopplw. 7 B.	Ellwangerwald	Keuper	grobk. S.	530	„	788	105	683	25,7	52,54	1012	78
b	„	„	„	„	„	„	„	„	859	66	793	27,9	57,38	900	89
123	Bay.	Sachsenried	IV 11a	Schw. Bay. Hocheb.	Diluvium	l. S.	800	„	836	65	1771	25,0	58,60	1324	79
124a	W.	Ellenberg	Platzschlägle B.	Ellwangerwald.	Lias	s. L.	—	„	912	89	823	28,0	59,73	972	79
b	„	„	„	„	„	„	—	„	1124	106	1018	29,6	68,25	884	92
125a	W.	Reichenbach	Unt. Bährl. 3	Schwarzwald	Buntsandstein	S. st.	680	S.	553	76	477	25,6	38,89	619	79
b	„	„	„	„	„	„	„	„	582	34	548	26,5	44,48	628	84
126	Bay.	Sachsenried	III 6a	Schw. Bay. Hocheb.	Diluvium	s. L. zl. st.	780	N.	971	100	871	28,1	65,30	932	80
127	„	Eurasburg	I 9b	Bayr. Hochebene	Granit	s. L.	460	„	771	86	685	25,5	54,11	848	81
128	„	Mähring	III 2b	Bayr. Wald	Diluvium	s. L. zl. st.	530	„	734	100	634	25,5	47,78	788	81
129	„	Dienhausen	III 5a	Schw. Bay. Hocheb.	Granit	s. L.	790	S.	1097	105	992	28,4	74,06	970	81
130	„	Kaufbeuren	IX 9c	Schw. Bay. Hocheb.	Diluvium	l. S.	800	„	983	137	846	27,2	58,29	1020	81
131	„	Mähring	III 2b	Bayr. Wald	Granit	„	530	N.	760	96	664	25,9	47,17	824	82
132a	W.	Hohenberg	Ob. Holdklingen B.	Ellwangerwald	Keuper	s. L.	—	„	809	96	713	26,2	53,58	1096	82
b	„	„	„	„	„	„	—	„	820	53	767	29,5	55,80	740	95

II. Bonität (Fortsetzung).

Ord. No.	Versuchsanstalt	Oberförsterei	Distrikt und Abteilung	Wachstums-gebiet	Grundgestein	Boden-bestandteile	Höhe über dem Meeresspiegel (m)	Begründung	Alter (Jahre)	Stammzahl	Stamm-grundfläche (qm)	Mittlere Höhe (m)	Derbholz	Reisig	Gesamt
133	W.	Baindt	Schwefl. Brunn 1 B.	Oberschwaben	Diluvium	s. L.	550	N.	82	624	47,95	29,7	665	73	738
134a	Bad.	Stühlingen	IX 1	Südl. Schwarzwald	Granit	„	840	„	83	1025	62,62	27,3	896	148	1044
b	„	„ „	IX 4	„ „	„	„	„	„	87	916	62,62	27,5	877	106	983
c	„	„ „		„ „	„	„		„	93	723	59,02	29,5	866	108	974
135	Bay.	Mähring	VI 1a	Bayr. Wald	Granit	„	530	„	83	884	62,58	27,2	881	129	1010
136	„	Mähring	III 9b	„ „	„	„	530	„	85	868	51,00	27,4	659	137	796
137a	W.	Kapfenburg	Waidschl. 2 B.	Ellwangerwald	Weisser Jura	L.	—	„	85	596	51,35	28,8	644	85	729
b	„	„ „		„ „			—	„	98	584	60,85	31,3	860	83	943
138	Bay.	Mähring	V 9c	Bayr. Wald	Granit	s. L.	530	„	86	588	50,39	25,9	657	120	777
139	„	Ottobeuren	VI 2a b	Schw. Bay. Hocheb.	Diluvium	Schwemmld.	840	„	87	933	66,42	28,5	909	75	984
140a	W.	Hohenberg	Kapuz.Schlag 2 B.	Ellwangerwald	Keuper	l. S.	—	„	87	832	54,70	27,3	723	88	811
b	„	„ „		„ „	„		—	„	100	704	60,57	30,4	832	49	881
141a	„	Dankoltsweiler	Tirol. Schl. B.	„ „	„	S.	—	„	88	964	44,78	24,3	567	91	658
b	„	„ „	„ „	„ „	„	„	—	„	97	668	46,09	27,6	630	90	720
c	„	„ „	„ „	„ „	„		—	„	101	648	48,88	29,4	734	55	789
142	Bay.	Mähring	VI 2a	Bayr. Wald	Granit	s. L.	530	„	90	868	60,62	27,7	835	100	935
143	Bad.	Stühlingen	I 6	Südl. Schwarzwald	Muschelkalk	Th.	625	„	92	714	62,43	28,0	834	102	936
144	Bay.	Freising	I 1a	Bayr. Hochebene	Diluvium	l. S.	520	„	93	664	53,78	30,2	818	93	911
145	„	Welden	III 3	Schw. Bay. Hocheb.	„ „	S.	420	„	94	420	60,90	30,8	896	119	1015
146	„	Welden		„ „	„ „		420	„	94	520	45,60	28,6	654	95	749
147	W.	Ellenberg	Kleeberg 2 B.	Ellwangerwald	Keuper	l. S.	510	„	94	944	60,68	29,3	860	88	948
148	Bay.	Bruck	I 1c	Bayr. Hochebene	Diluvium	„	620	„	96	776	62,39	29,8	900	55	955
149	„	Denkendorf	IV 1	Fränk. Jura	Kalk	th. K.	430	„	97	556	61,48	32,8	884	103	987
150	„	Denkendorf		„ „	„		„	„	98	644	66,94	32,2	1049	120	1169
151a	W.	Hohenberg	Kapuz.Schlag 1 B.	Ellwangerwald	Keuper	M.	—	„	99	636	58,54	30,2	825	118	943
b	„	„ „	„ „	„ „	„	„	---	„	112	576	63,46	34,4	953	62	1015

152	Bay.	Mähring	III 1 a	Bayr. Wald	Granit	s. L.	530	N.	103	536	60,50	31,9	923	175	1098
153	Bad.	Bonndorf	III 2	Südl. Schwarzwald	Bundsandstein	s. Th.	783	„	103	592	47,24	29,5	706	102	808
154	W.	Baindt	Neuwies C.	Oberschwaben	Diluvium	s. L.	500	„	103	360	49,35	31,1	632	121	753
155	Bay.	Freising	VII 5 a	Bayr. Hochebene	„ „	l. S.	500	„	105	688	55,08	31,5	833	93	926
156	„	Bruck	I 2 a		„ „		625	„	105	360	57,88	32,6	864	93	957
157	„	Mähring	III 1 a	Bayr. Wald	Granit	s. „L.	500	„	106	604	56,03	32,1	905	134	1039
158a	W.	Hohenberg	Lindhalde B.	Ellwangerwald	Keuper	l. S.	—	S.	107	796	67,67	30,5	907	80	987
b	„	„ „					—		120	568	62,65	33,8	962	51	1013
159	Bay.	Denkendorf	VII 5 a b d	Fränk. Jura	Kalk	th. „K.	430	N.	108	576	62,88	31,2	879	111	990
160	„	Eurasburg	I 10	Bayr. Hochebene	Diluvium	s. L.	465	„	111	660	71,19	31,5	1029	99	1128
161	„	Eurasburg	I 9				460	„	113	580	52,07	31,5	783	82	865
162	„	Denkendorf	VII 3 a	Fränk. Jura	„Kalk"	th. „K.	—	„	114	328	52,48	34,2	806	100	906
163	„	Eurasburg	I 6 a	Bayr. Hochebene	„	s. L.	460	„	123	628	54,56	31,4	856	74	930

III. Bonität.

164	Bay.	Waldmünchen	XVI 8 a	Bayr. Wald	Granit	s. L.	817	Pfl.	12	6140	2,54	2,4	—	45	45
165a	W.	Kapfenburg	Hohlbruch 1 B.	Ellwangerwald	Brauner Jura	L.	540	„	24	6124	21,22	6,5	38	100	138
b	„	„ „	„ „	„ „	„ „	„	„	„	30	5020	26,22	7,3	72	107	179
c	„	„ „	„ „	„ „	„ „	„	„	„	37	5004	34,27	10,0	146	107	253
166a	„	Kapfenburg	Eichrain 3 B.	„ „	„ „	s. L.	530	„	26	9400	29,40	6,6	43	112	155
b	„	„ „	„ „	„ „	„ „	„	„	„	32	7100	33,21	7,9	93	153	246
167	„	Sulzbach	Breitgehren	„ „	Keuper	S.	—	S.	36	5095	21,32	7,4	62	113	175
168a	„	Baindt	Krummoos C.	Oberschwaben	Diluvium	etw. l. S.	550	N.	38	8764	26,43	7,5	90	110	200
b	„	„	„ „	„ „	„ „	„ „	„	„	44	6200	35,74	9,9	168	144	312
c	„	„	„ „	„ „	„ „	„ „	„	„	51	3712	33,39	12,8	220	75	295
169a	„	Crailsheim	Hohenbrgschlg. 11 B.	Ellwangerwald	Keuper	grobk. S.	520	„	41	7576	25,93	7,8	63	131	194
b	„	„ „	„ „	„ „	„	„	„	„	47	4460	30,37	10,3	153	101	254
170	Bay.	Freising	VII 6 b	Bayr. Hochebene	Diluvium	l. S.	500	„	42	4120	33,98	11,5	197	79	276
171	W.	Bodelshausen	Laubstöffel	Alb	Keuper	Th.	—	S.	42	5280	28,81	10,3	118	111	229
172a	„	Schrezheim	Baurenbuk. 8 B	Ellwangerwald	„	l. S.	516	N.	44	10,812	31,05	7,6	70	138	208
b	„	„ „	„ „	„ „	„	„	„	„	49	5160	29,56	10,3	125	108	233
c	„	„ „	„ „	„ „	„	„	„	„	57	3220	32,27	13,5	241	96	377
173a	„	Kapfenburg	Nasshau 2 C.	„ „	Brauner Jura	L.	536	S.	46	3660	27,44	10,8	139	102	241
b	„	„ „	„ „	„ „	„ „	„	„	„	52	2560	28,60	12,6	200	98	298
174a	„	Kapfenburg	Wehling IV 2 C.	„ „	„ „	etw. s. L	530	„	48	3972	27,52	10,5	138	100	238
b	„	„ „	„ „	„ „	„ „	„ „	„	„	54	2548	28,87	12,9	209	94	303
c	„	„ „	„ „	„ „	„ „	„ „	„	„	61	1916	31,99	16,1	290	90	380

Ord. No.	Versuchsanstalt	Oberförsterei	Distrikt und Abteilung	Wachstums-gebiet	Grundgestein	Boden-bestandteile	Höhe über dem Meeresspiegel m	Begründung	des Bestandes				Masse		
									Alter Jahre	Stammzahl	Stamm-grundfläche qm	Mittlere Höhe m	Derb-holz	Reisig	Ge-samt
													Festmeter		

III. Bonität (Fortsetzung).

Ord. No.	Versuchsanstalt	Oberförsterei	Distrikt und Abteilung	Wachstums-gebiet	Grundgestein	Boden-bestandteile	Höhe m	Begründung	Alter	Stammzahl	Stamm-grundfläche qm	Mittlere Höhe m	Derb-holz	Reisig	Ge-samt
175a	W.	Schrezheim	Bergholz B.	Ellwangerwald	Lias	l. S.	510	N.	50	4824	43,49	11,6	263	123	386
b	"	" "	" "	" "	"	"	"	"	55	3260	46,31	14,3	361	132	493
c	"	" "	" "	" "	"	"	"	"	63	2196	50,09	17,6	466	89	555
176	"	Lichtenstein	Treiflbronn 1 B.	" Alb "	Weifser Jura	s. L.	—	Pfl.	52	3044	40,33	14,3	314	69	383
177	"	Lichtenstein	Treiflbronn 2 C.	"	"	"	—	"	52	2860	41,41	14,5	327	70	397
178a	"	Buhlbach	Rechtmurz 28	Schwarzwald	Buntsandstein	l. grobk. S.	707	S.	53	1508	31,33	15,4	262	69	331
b	"	" "	" "	"	"	"	—	"	58	1300	35,00	17,8	336	47	383
179	"	Crailsheim	Hohenbrgschlg.12B.	Ellwangerwald	Keuper	grobk. S.	—	N.	55	2316	40,53	16,4	394	104	498
180a	"	Crailsheim	Sichelh. 14 B.	" "	"	"	—	"	57	2760	39,22	14,3	298	97	395
b	"	" "	" "	" "	"	"	—	"	63	1664	39,16	17,5	349	92	440
c	"	" "	" "	" "	"	"	—	"	68	1500	39,46	18,8	417	78	495
181	Bay.	Mähring	V 2c	Bayr. Wald	Granit	s. L.	530	"	57	2212	52,39	17,3	537	136	673
182	"	Mähring	V 4b	" "	"	l. S.	530	"	59	3565	51,67	14,4	417	133	550
183	"	Mähring	V 10b	" "	"	"	530	"	60	2588	51,17	16,4	483	117	600
184	"	Kaufbeuren	I 1b	Schw.Bay.Hocheb.	Diluvium	L. zl. st.	770	"	61	1737	46,78	17,4	470	88	558
185a	W.	Ellenberg	Unt. Kleeberg 1 B.	Ellwangerwald	Keuper	l. S.	510	"	64	2360	52,99	18,2	497	99	596
b	"	" "	" "	" "	"	"	"	"	70	1452	49,32	21,4	543	107	650
c	"	" "	" "	" "	"	"	"	"	77	1316	51,05	23,2	611	76	687
186a	"	Hohenberg	Alt. Schloss 1 B.	" "	"	"	460	"	64	2268	51,77	18,1	508	97	605
b	"	" "	" "	" "	"	"	"	"	70	1392	50,98	20,9	553	112	665
c	"	" "	" "	" "	"	"	"	"	77	1268	52,46	22,5	623	84	707
187a	"	Ellenberg	Unt. Kleeberg 2 B.	" "	"	"	510	"	65	2560	47,75	17,8	466	86	552
b	"	" "	" I 3c "	" "	"	"	"	"	78	1332	46,41	22,2	552	73	625
188	Bay	Kaufbeuren	I 3c	Schw.Bay.Hocheb.	Diluvium	L. zl. st.	780	"	67	1480	57,14	20,2	616	129	745

189a	W.	Crailsheim	Koppwald 1 B.	Ellwangerwald	Keuper	grbk. S.	530	N.	68	1636	37,03	18,7	482	108	590
b	"	" "	" "	" "	"	" "	"	"	74	1180	41,82	21,1	452	84	536
c	"	" "	" "	" "	"	" "	"	"	79	1052	43,74	23,1	558	69	627
190a	"	Crailsheim	Koppwald 8 B.	" "	"	" "	530	"	69	1712	44,57	18,9	437	107	544
b	"	" "	" "	" "	"	" "	—	"	75	1276	47,26	22,2	533	95	628
c	"	" "	" "	" "	"	" "	—	"	80	1208	47,96	23,4	577	69	646
191a	"	Hohenberg	Unt. Holdklinge 3 B.	" "	"	l. S.	480	"	69	1940	50,10	20,2	532	96	628
b	"	" "	" "	" "	"	"	"	"	75	1104	44,52	22,6	513	92	605
c	"	" "	" "	" "	"	"	"	"	82	1012	50,35	23,6	604	60	664
192a	"	Crailsheim	Hellbühl 20 B.	" "	"	"	530	"	70	1504	43,20	19,2	453	85	538
b	"	" "	" "	" "	"	"	"	"	81	1232	46,78	21,4	498	76	574
193a	"	Weingarten	Ehrenbühl B.	Oberschwaben	Diluvium	"	650	"	70	1404	45,24	20,3	499	84	583
b	"	" "	" "	" "	"	"	"	"	83	1122	53,41	24,2	646	52	698
194a	"	Hohenberg	Unt. Holdklinge 2 B.	Ellwangerwald	Keuper	"	—	"	73	1660	47,46	21,4	577	82	659
b	"	" "	" "	" "	"	"	—	"	79	988	42,59	—	—	—	—
c	"	" "	" "	" "	"	"	—	"	86	924	46,62	25,8	618	43	661
195a	"	Weingarten	Wirtspl. 1 B.	Oberschwaben	Diluvium	s. L.	620	"	75	1522	42,40	19,6	486	94	580
b	"	" "	" "	" "	"	"	"	"	81	1234	44,42	22,3	538	97	635
c	"	" "	" "	" "	"	"	"	"	88	998	45,83	25,1	567	54	621
196a	"	Baindt	Tannweg 2 B.	" "	"	"	535	"	76	1460	47,97	20,0	467	119	586
b	"	"	" "	" "	"	"	"	"	82	1084	48,88	22,4	572	116	688
c	"	"	" "	" "	"	"	"	"	89	968	51,74	25,3	667	47	714
197	Bay.	Mähring	II 2 c	Bayr. Wald	Granit	l. S.	530	"	80	1144	45,85	22,0	557	73	630
198a	W.	Hohenberg	Sulzhaud B.	Ellwangerwald	Keuper	"	480	"	80	1080	46,54	22,4	547	79	626
b	"	Baindt	Tannweg 1 B.	Oberschwaben	Diluvium	s. L.	535	"	93	736	50,46	27,0	668	59	727
199a	"	"	" "	" "	"	"	"	"	82	1084	45,08	22,4	499	131	630
b	"	"	" "	" "	"	"	"	"	88	904	46,62	24,7	589	97	686
c	"	"	" "	" "	"	"	"	"	95	812	48,58	28,1	698	43	741
200	Bay.	Mähring	V 10 c	Bayr. Wald	Granit	l. S.	530	"	83	1312	54,32	22,7	666	97	763
201a	W.	Hohenberg	Unt. Holdklinge 1 B.	Ellwangerwald	Keuper	"	480	"	83	1060	50,75	24,4	625	94	719
b	"	" "	" "	" "	"	"	"	"	96	872	55,47	27,1	749	51	800
202a	"	Dankoltsweiler	Kienwiese 1 B.	" "	"	"	520	"	85	964	48,26	24,9	639	111	750
b	"	" "	" "	" "	"	"	"	"	94	704	48,53	27,2	631	—	—
c	"	" "	" "	" "	"	"	"	"	98	676	51,12	27,6	652	35	687
203a	"	Weingarten	Rappbühl 2 B.	Oberschwaben	Diluvium	s. L.	650	"	86	818	49,87	23,5	597	68	665
b	"	" "	" "	" "	"	"	"	"	99	716	60,14	28,0	823	54	877
204a	"	Dankoltsweiler	Kienwiese 2 B.	Ellwangerwald	Keuper	S.	440	"	89	828	53,03	25,5	678	98	776
b	"	" "	" "	" "	"	"	"	"	98	676	55,99	28,7	766	52	818
c	"	" "	" "	" "	"	"	"	"	102	656	58,07	29,8	820	64	884

Ord. No.	Versuchsanstalt	Oberförsterei	Distrikt und Abteilung	Wachstums-gebiet	Grundgestein	Boden-bestandteile	Höhe über dem Meeresspiegel m	Begründung	Alter Jahre	Stammzahl	Stamm-grundfläche qm	Mittlere Höhe m	Masse Derbholz Festmeter	Masse Reisig Festmeter	Masse Gesamt Festmeter
					III. Bonität (Fortsetzung).										
205	Bay.	Welden	V 1	Schw. Bay. Hocheb.	Diluvium	S.	420	N.	95	732	47,06	25,9	636	105	741
206	"	Mähring	II 9 c	Bayr. Wald	" "	s. L.	530	"	98	892	57,38	27,3	885	95	980
207	"	Mähring	III 1 a	" "	Granit	"	530	"	98	940	54,55	26,6	797	197	994
208a	W.	Dankoltsweiler	Rehhecke 1 B.	Ellwangerwald	Keuper	S.	446	"	98	888	51,88	28,3	764	84	848
b	"	" "	" "	" "	" "	"	"	"	106	888	58,91	27,5	774	—	—
209a	"	Weingarten	Rappbühl 1 B.	Oberschwaben	Diluvium	s. L.	650	"	99	586	52,98	27,0	677	90	767
b	"	" "	" "	" "	" "	"	"	"	112	546	61,73	31,1	826	44	870
210a	"	Buhlbach	Rothmurg 6.	Schwarzwald	Buntsandstein	l. S.	800	"	102	600	49,88	25,7	689	103	792
b	"	" "	" "	" "	" "	" "	"	"	107	560	50,27	25,9	624	53	677
211	Bay.	Welden	III 6	Schw. Bay. Hocheb.	Diluvium	S.	420	"	105	644	58,33	27,5	741	113	854
212	"	Welden	III 6	" "	" "	"	420	"	106	652	46,99	27,1	657	79	736
					IV. Bonität.										
213	Bay.	Waldmünchen	XVI 7	Bayr. Wald	Diluvium	s. L.	817	Pfl.	15	6688	6,90	3,5	—	68	68
214	Bad.	Kirchgarten	XVI 3	Südl. Schwarzwald	Gneis	"	1190	S.	41	8628	43,49	7,5	132	142	274
215	"	Kirchgarten	"	"	"	"	1190	"	41	7048	38,21	7,6	113	132	244
216	"	Kirchgarten	"	"	"	"	1190	"	41	5984	37,33	8,0	124	134	258
217a	W.	Kapfenburg	Eichenrain 1 B	Ellwangerwald	Brauner Jura	s. L.	530	"	44	7044	25,36	7,2	58	107	165
b	"	" "	" "	" "	" "	"	"	"	50	5644	29,15	8,4	116	123	239
218a	"	Kapfenburg	Reutehau IV, 5 C.	" "	" "	L.	"	"	45	6340	26,38	7,7	62	116	178
b	"	" "	" "	" "	" "	"	"	"	51	4172	26,90	9,9	119	108	227
c	"	" "	" "	" "	" "	"	"	"	58	3288	31,06	12,9	199	97	296
219a	"	Kapfenburg	Eichenrain 2 C	" "	" "	"	"	"	45	6228	26,49	7,7	79	99	178
b	"	" "	" "	" "	" "	"	"	"	51	4108	26,88	9,8	139	96	235
c	"	" "	" "	" "	" "	"	"	"	58	2976	30,89	12,3	194	94	288

220a	W.	Kapfenburg	Nassenhau 1 B	Ellwangerwald	Brauner Jura	L.	530	S.	46	6188	24,96	8,1	74	110	184
b	″	″ ″	″ ″	″ ″	″	″	″	″	52	4432	26,15	9,3	124	101	225
221a	″	Dankoltsweiler	NonnenklingB	″ ″	Keuper	l. ″S.	440	N.	47	5596	32,04	9,8	131	146	277
b	″	″ ″	″ ″	″ ″	″	″	″	″	53	3504	33,77	12,2	206	113	319
c	″	″ ″	″ ″	″ ″	″	″	″	″	60	2656	35,80	14,5	265	67	332
222a	″	Dankoltsweiler	Treppelhalde 1 B.	″ ″	″	S.	450	″	54	5188	33,93	11,5	191	117	308
b	″	″ ″	″ ″	″ ″	″	″	″	″	62	3332	34,03	13,0	236	90	326
223a	″	Dankoltsweiler	Treppelhalde 2 D.	″ ″	″	S. mit M.	″	″	54	3164	28,05	12,5	178	91	269
b	″	″ ″	″ ″	″ ″	″	″ L. ″	″	S.	62	2452	32,50	14,7	254	86	340
224	″	Altheim	Schättlsbrg.B.	Alb	Weisser Jura	″ L. ″	—	S.	60	4744	41,19	12,5	258	53	311
225a	″	Crailsheim	Koppelwald B	Ellwangerwald	Keuper	″	500	N.	61	2996	28,26	11,0	166	89	255
b	″	″ ″	″ ″	″ ″	″	″	″	″	67	2388	31,08	12,6	197	90	287
c	″	″ ″	″ ″	″ ″	″	″	″	″	72	2148	32,20	15,0	260	70	330
226a	″	Ellenberg	Häselebrg. B.	″ ″	″	l. ″S.	—	″	62	3236	39,59	13,4	276	96	372
b	″	″ ″	″ ″	″ ″	″	″	—	″	75	1688	38,10	17,5	369	71	440
227a	″	Reichenbach	Misse	Schwarzwald	Buntsandstein	s. ″L.	780	S.	63	1868	35,04	14,0	255	84	339
b	″	″ ″	″ ″	″ ″	″	″	″	″	68	1588	39,67	16,0	317	57	374
228a	″	Ellenberg	Schlauch 5 B.	Ellwangerwald	Keuper	fk. ″S.	500	N.	65	2720	43,91	14,5	379	84	463
b	″	″ ″	″ ″	″ ″	″	″	″	″	71	1360	41,08	17,7	377	106	483
c	″	″ ″	″ ″	″ ″	″	″	″	″	78	1256	43,59	20,6	481	60	541
229a	″	Baiersbronn	Rothwasser	Schwarzwald	Buntsandstein	th. ″S.	880	S.	68	1252	37,60	16,3	331	78	409
b	″	″ ″	″ ″	″ ″	″	″	″	″	74	1260	41,94	16,6	395	68	463
230a	″	Hohenberg	Tannbrgschlgl. B.	Ellwangerwald	Keuper	etw. ″l. S.	460	N.	72	2552	47,32	17,1	443	91	534
b	″	″ ″	″ ″	″ ″	″	″ ″	″	″	78	1680	47,30	18,5	457	122	579
c	″	″ ″	″ ″	″ ″	″	″ ″	″	″	85	1404	47,49	20,6	500	80	580
231a	″	Reichenbach	Ob. Bärloch 1	Schwarzwald	Buntsandstein	S. ″st.	811	S.	79	1144	34,56	17,4	318	70	388
b	″	″ ″	″ ″	″ ″	″	″	″	″	84	1120	38,38	18,8	377	40	417
232	Bay.	Mähring	III 9 d	Bayr. Wald	Granit	l. ″S.	530	N.	87	1000	51,92	21,3	623	129	752
233		Mähring	V 10 b	″ ″	″		530		88	1596	48,39	19,7	538	92	630
234	W.	Baiersbronn	Seerücken	Schwarzwald	Buntsandstein	th. ″S.	900	S.	90	730	40,57	21,7	464	82	546
235	″	Baiersbronn	Alex. Schanze	″ ″	″	l. S.			97	666	37,88	19,2	382	93	475
236a	″	Buhlbach	Rothmurg 41	″ ″	″	S.	960	N.	99	800	44,71	18,9	431	86	517
b	″	″ ″	″ ″	″ ″	″	″	″	″	104	800	47,21	19,8	476	47	523
237a	″	Hohenberg	Forchenplatten B.	Ellwangerwald	Keuper	S. ″grbk.	—	″	101	1160	44,32	19,0	415	79	494
b	″	″ ″	″ ″	″ ″	″	″	—	″	114	1008	47,65	21,8	546	48	594
238a	″	Buhlbach	Rothmurg 42	Schwarzwald	Buntsandstein	S.	980	″	105	684	42,79	20,0	439	94	533
b	″	″ ″	″ ″	″ ″	″	″	″	″	110	676	44,22	18,9	434	44	478

V. Bonität.

Ord. No.	Versuchsanstalt	Oberförsterei	Distrikt und Abteilung	Wachstumsgebiet	Grundgestein	Bodenbestandteile	Höhe über dem Meeresspiegel m	Begründung	des Bestandes Alter Jahre	Stammzahl	Stammgrundfläche qm	Mittlere Höhe m	Masse Derbholz Festmeter	Masse Reisig Festmeter	Masse Gesamt Festmeter
239	W.	Sulzbach	Hint. Ruh	Ellwangerwald	Keuper	S.	470	N.	56	4437	31,29	9,2	155	98	253
240a	"	Baiersbronn	Bengelbruk	Schwarzwald	Buntsandstein	s. Th.	880	"	66	1933	26,33	10,0	143	77	220
b	"	"	"	"	"			"	72	1948?	31,15	11,5	191	59	250
241a	"	Reichenbach	Ob. " Bärloch " 2	Schwarzwald	Buntsandstein	S. " st.	800	S.	76	3540	21,93	7,0	78	67	145
b	"	"	"	"	"			"	81	3175	23,69	8,4	96	47	143
242a	"	Reichenbach	Ob. " Bärloch " 3	"	"	S. sehr st.	770	"	76	2133	23,83	10,1	128	68	196
b	"	"	"	"	"			"	81	2108	28,07	12,6	188	38	226
243	"	Sulzbach	Unt. " Hörnle	Ellwangerwald	Keuper	" S. "	—	N.	79	1920	27,29	12,8	188	68	256
244a	"	Buhlbach	Ilgenberg	Schwarzwald	Buntsandstein	h. S.	850	"	89	1164	27,50	14,7	215	68	283
b	"	"	"	"	"			"	94	1140	30,12	15,0	242	37	279
245a	"	Buhlbach	Rechtmurg 24 " Fl. 2	"	"	l. " S.	870	"	92	1432	20,30	10,0	136	64	200
b	"	"	"	"	"			"	97	1368	26,06	11,2	177	37	214
246a	"	Baiersbronn	Zimmerholz	"	"	s. L.	960	"	93	1596	36,59	13,0	253	79	332
b	"	"	"	"	"			"	99	1556	40,93	14,6	332	74	406
247a	"	Buhlbach	Rechtmurg 24 " Fl. 1	"	"	l. " S.	870	"	96	968	35,59	16,5	307	81	388
b	"	"	"	"	"	"	"	"	101	968	40,00	16,3	347	58	405

II. Konstruktion der Ertragstafeln.

Bei der grofsen Mannigfaltigkeit von Standortsverhältnissen, welche in dem umfangreichen Grundlagenmaterial vertreten ist, war zunächst die Frage zu beantworten, ob eine einheitliche Bearbeitung desselben zulässig sei, oder ob und welche Wachstumsgebiete ausgeschieden werden müfsten.

Zur Prüfung des Materiales in dieser Richtung wurde einerseits das Ergebnis der Höhenanalysen und andererseits der Verlauf der Kurvenstücke benutzt, welche durch die wiederholten Aufnahmen einer grofsen Anzahl von Beständen während eines Zeitraumes von 10 bis 15 Jahren gewonnen worden waren. Bei dem erstgenannten Verfahren trat allerdings ein gewisser Unterschied zwischen den verschiedenen Flächen darin hervor, dafs im allgemeinen der Gang bei der Mehrzahl der württembergischen und bayrischen Kurven anders war, als jener für die sächsischen und preufsischen; auch in Bayern verhielten sich die Bestände der schwäbisch-bayrischen Hochebene verschieden von jenen des Frankenwaldes und Fichtelgebirges. Es schien mir indessen nicht zulässig, hieraus allein schon weitgehende Schlüsse zu ziehen, weil der Verlauf der Höhenkurven bei der Fichte viel weniger regelmäfsig war, als jener bei der Kiefer, und öfters Bestände aus der gleichen Oberförsterei oder doch aus ganz engen Bezirken einen sehr verschiedenen Gang zeigten. Jedenfalls war es deshalb notwendig, auch die zweite Methode in Anwendung zu bringen.

Zu diesem Zweck wurden sowohl die Gesamtmassen (Derb- und Reisholz) als auch die Mittelhöhen in bekannter Weise auf Millimeterpapier aufgetragen und die den wiederholten Aufnahmen derselben Fläche entsprechenden Punkte miteinander verbunden, wobei die einzelnen Versuchsanstalten durch besondere Farben kenntlich gemacht waren.

Hier zeigte sich zunächst der bereits oben besprochene unregelmäfsige Verlauf der Verbindungslinien zwischen den einzelnen Aufnahmen. Bei den Massen konnte in dieser alle Flächen enthaltenden Zeichnung das Hervortreten abweichender Richtungen in dem Wachstumsgang der verschiedenen Gegenden entstammenden Flächen, wenigstens in den besseren Bonitäten, mit Sicherheit nicht beobachtet werden; in den geringeren Bonitäten schienen sich allerdings die süddeutschen Bestände anders zu verhalten, als die mitteldeutschen. Dagegen zeigten die Kurvenstücke der Mittelhöhen deutlich, dafs der Verlauf bei den preufsischen und sächsischen Beständen anders ist, als bei den württembergischen und badischen.

Die Vergleichung der allgemeinen Beschaffenheit des Standortes bei den verschiedenen Fichtengebieten führte im Zusammenhalt mit dem oben geschilderten Ergebnis der Prüfung des Materiales zu der vorläufigen Annahme, dafs zwei Gruppen von Wachstumsgebieten auszuscheiden sein dürften, von denen die eine die mitteldeutschen Gebirge: Thüringerwald, Erzgebirge, Frankenwald, Fichtelgebirge, Sudeten, ferner den Harz mit den zwischen denselben liegenden Gebieten, sowie das nur ungenügend vertretene Ostpreufsen umfassen möchte, während das süddeutsche Hügelland mit dem Vorland der Alpen und der Schwarzwald die andere Gruppe zu bilden hätte.

Ich verkenne nicht, dafs konsequenterweise noch eine weitergehende Ausscheidung durchzuführen gewesen wäre. So läfst sich wohl annehmen, dafs z. B. der Harz wahrscheinlich ein ganz abgeschlossenes Gebiet für sich bildet, ebenso der Schwarzwald, bei welchem vielleicht noch die östliche und westliche Abdachung besonders zu untersuchen wäre. Abgesehen aber davon, dafs hierdurch die ganze Arbeit kaum zu bewältigende Dimensionen angenommen hätte, so reicht auch das jetzt vorliegende Material trotz seines bedeutenden Umfanges noch nicht zu einer so spezialisierten Zusammenstellung aus. Wenn man, wie ich es gethan habe, die Ergebnisse der wiederholten Aufnahme für ein ziemlich gut vertretenes engeres Gebiet, z. B. für den Harz, gesondert aufträgt, so sind weder alle Bonitäten vorhanden, was nicht besonders in Betracht käme, noch genügen aber die Kurvenstücke, wegen ihrer ungleichmäfsigen Verteilung auf die einzelnen Altersstufen, um hieraus mit nur einigermafsen hinreichender Genauigkeit die Wachstumskurven abzuleiten. Dagegen bieten solche Vergleiche ein sehr gutes Mittel, die Brauchbarkeit der entworfenen Tafeln für einzelne Gebiete zu prüfen. Man ist also gezwungen, schon um ausreichendes Material zu haben, mehrere Gebiete mit ähnlichen Verhältnissen zu Gruppen zusammenzufassen. Ich glaube, dafs die alsdann gebotene Möglichkeit, das Material kritisch sichten und nach Bedarf Ausscheidungen vornehmen zu können, gröfsere Sicherheit für die Aufstellung brauchbarer Tafeln bietet, als wenn diese aus wenigen und teilweise sogar anfechtbaren Aufnahmen für einen kleinen Bezirk abgeleitet werden.

Umgekehrt kann aber dann auch die Frage aufgeworfen werden: Ist überhaupt eine Trennung notwendig?

Dieselbe muss meines Erachtens dann bejaht werden, wenn in gröfseren oder kleineren Gebieten entweder der Massenentwickelungsgang auffällig verschieden ist, oder wenn bei Gleichheit in dieser Beziehung deutliche Verschiedenheiten bezüglich der massenbildenden Faktoren bestehen.

Des Zusammenhangs wegen sei hier vorgreifend bemerkt, dafs die zunächst lediglich probeweise nach den oben angegebenen Gruppen getrennt durchgeführte Arbeit zu dem Ergebnis führte, dafs, wie die Tafeln I—IV ersehen lassen, die Unterschiede im Massenentwicklungsgang nicht sehr bedeutend sind, dafs dagegen solche in höherem Mafse bezüglich der massenbildenden Faktoren bestehen; namentlich hat die erhebliche Verschiedenheit im Verlauf der Formzahlen die Entscheidung zu Gunsten der Trennung gegeben. Wenn die Arbeit auch hierdurch schwieriger und umfangreicher wurde, so hielt ich mich doch bei der Benutzung dieses grofsen und kostbaren Materials zur gröfsten Sorgfalt verpflichtet.

Die beiden Gruppen von Wachstumsgebieten werden fernerhin der Kürze wegen mit Mitteldeutschland bezw. Süddeutschland bezeichnet werden.

Die Konstruktion der Ertragskurven selbst ist in folgender Weise getrennt für jede Gruppe vorgenommen worden:

Zunächst wurden wieder die Massen aufgetragen, die zusammengehörigen Punkte verbunden und als Mittelwerte für die einzelnen Bonitäten auf der Ordinate im Alter 100, den Beschlüssen der Ulmer Versammlung des Vereins deutscher forstlicher Versuchsanstalten gemäfs, die Punkte für 1100, 900, 720, 550 und 400 fm bezeichnet, wodurch gleichzeitig auch die Grenzpunkte der Bonitäten in diesem Alter gegeben waren.

Im Anhalt an die Richtung der bei den wiederholten Aufnahmen gewonnenen Kurvenstücke erfolgte alsdann der vorläufige Entwurf der mittleren Massenkurven sowie auch jener der Grenzkurven für die verschiedenen Bonitäten.

Meine Absicht ging hierbei dahin, ebenso wie bei meinen beiden Kiefernertragstafeln, auf diese Weise Leitbestände zu ermitteln, welche zur Konstruktion der Oberhöhenkurven und damit auch zu jener der Mittelhöhenkurven benützt werden sollten, um hiernach die definitive Bonitierung und die Ableitung der übrigen Kurven bethätigen zu können.

Während aber dieses Verfahren bei der Kiefer ganz vortreffliche Dienste geleistet hat, versagte dasselbe bei der Fichte vollständig den Dienst, indem die Oberhöhenkurven der Bestände aus den gleichen Gebieten einen sehr verschiedenen Verlauf zeigten. Wenn derselbe auch, wie oben (S. 41) hervorgehoben worden ist, noch genügte, um charakteristische Differenzen zwischen grofsen Gruppen erkennen zu lassen, so war es doch unmöglich, hieraus Wachstumsgesetze abzuleiten, welche grundlegend für die ganze Arbeit sein sollten.

Dieser Unterschied zwischen Kiefer und Fichte ist jedenfalls durch ihre Eigenschaft als lichtbedürftige bezw. schattenertragende Holzart bedingt. Während bei der Kiefer die in der Jugend unterdrückten Individuen, wenigstens etwa vom 30jährigen Alter ab, wo der regelmäfsige Verlauf der Oberhöhen erst beginnt, sich niemals oder doch höchstens ganz ausnahmsweise zu herrschenden Stämmen entwickeln, vermögen bei der Fichte auch anfangs zurückgebliebene Stangen und Stämme bei späterer Gewährung des nötigen Lichtes noch die Führung zu übernehmen. Dafs hierdurch der Verlauf der Höhenkurven sehr beeinflufst werden mufs, ist begreiflich. Bei der Kiefer giebt uns die Höhenanalyse der stärksten Stämme ein Bild von der Entwickelung jener Individuen, welche stets der herrschenden Klasse angehört haben, bei der Fichte dagegen werden zur Untersuchung teils ebenfalls solche herangezogen, teils aber auch Stämme, die sich erst im späteren Alter heraufgearbeitet haben. Da diese Verhältnisse von Bestand zu Bestand wechseln, so kann eine Gesetzmäfsigkeit nicht zum Ausdruck gelangen.

Unter diesen Umständen mufste ein anderes Verfahren gewählt werden, und zwar entschlofs ich mich zur umfassenderen Benützung der Anhaltspunkte, welche durch die zahlreichen wiederholten Aufnahmen gegeben waren.

Zu diesem Zwecke wurden auf einem neuen Blatt lediglich die Ergebnisse der wiederholten Aufnahme aufgetragen, jedoch unter Ausscheidung jener Angaben, welche zu auffallende Abweichungen von dem durchschnittlichen Entwicklungsgang zeigten, d. h. solche Bestände, deren Masse mit zunehmendem Alter nicht gestiegen, sondern gefallen war oder welche umgekehrt ganz abnorm hohen Zuwachs aufwiesen.

Es war nun sehr wohl möglich, in diese übersichtliche Zeichnung, unter Festhaltung der oben angegebenen Massen für das 100jährige Alter, neue vorläufige Massenkurven im Anhalt an die Richtung, welche durch den Verlauf der Kurvenstücke gegeben war, zu entwerfen. Diese wurden abgelesen, rechnerisch geprüft, ausgeglichen und nach dieser Revision abermals aufgetragen. Beim Vergleiche der streckenweise verbesserten Kurvenzüge mit dem Verlauf der Kurvenstücke ergab sich eine recht gute Übereinstimmung, so daſs nur noch verhältnismäſsig unbedeutende Änderungen erforderlich waren, um die wünschenswerte Übereinstimmung beider Elemente herbeizuführen. Die definitiven Massenkurven wurden hierauf auf das erste Blatt übertragen, welches sämtliche Aufnahmen enthielt.

Nach der Einzeichnung der Grenzkurven, welche so gezogen wurden, daſs in jedem Alter die Maximal- und Minimalleistung einer Bonität annähernd gleich weit von dem mittleren Wert entfernt lagen, erfolgte die Einreihung der einzelnen Bestände in die verschiedenen Güteklassen.

Diese Bonitierung, welche die Grundlage der weiteren Arbeit bildete, ist also lediglich nach der Masse erfolgt.

Zur genaueren Untersuchung und Sichtung des Materials wurden die Aufnahmen in einem besonderen Verzeichnis bonitätenweise nach dem Alter zusammengestellt und der besseren Vergleichbarkeit wegen durch Anrechnung des Durchschnittszuwachses nach Jahrfünften vereinigt.

Nun folgte die Prüfung bezüglich der Normalität im Sinne des Beschlusses der Vereinsversammlung in Ulm, welchem zufolge gröſsere Differenzen als 15 % in den Kreisflächensummen bei gleicher Höhe und gleichem Alter nicht vorkommen sollten.

Es bot keine Schwierigkeiten, in dieser übersichtlichen Zusammenstellung die Bestände mit auffallend hoher und niedriger Stammzahl und Stammgrundfläche auszuscheiden, so daſs der verbleibende Teil, etwa 75 % der gesamten Anzahl, sich mit der Kreisflächensumme innerhalb der angegebenen Grenzen von 15 % bewegte.

Die so als normale Repräsentanten der mittleren Wachstumsverhältnisse anzusehenden Flächen dienten alsdann zur Herleitung der Reihen für Höhe, Kreisfläche, Formzahl und Stammzahl.

Es fragte sich aber auch weiter, ob die Bestände, welche eine an der Mehrzahl abweichende Zusammensetzung besafsen, zur Konstruktion besonderer Reihen für die massenbildenden Faktoren benutzt werden sollten oder nicht. Ersteres erschien namentlich dann angezeigt, wenn die Zusammensetzung der Bestandesmasse innerhalb der einzelnen Wachstumsgebiete sich mit dem Standort und zwar, wie Schuberg annimmt, namentlich mit der absoluten Höhe ändert.

Die Untersuchung in dieser Richtung ergab, dafs die Bestände mit zu geringer Kreisfläche wohl ohne weiteres als nicht normal aufser Betracht bleiben konnten. Mehr Interesse boten die Bestände mit zu grofser Kreisfläche. Hier zeigte sich zunächst, dafs dieselben, allerdings nicht immer, aber doch in der überwiegenden Mehrzahl der Fälle auch durch Stammreichtum ausgezeichnet waren, und ferner, dafs diese Bestände auch fast stets eine geringere Mittelhöhe besafsen, als die übrigen von gleicher Masse und gleichem Alter.

Bezüglich der absoluten Höhe des Standorts ergab sich, in Übereinstimmung mit den von Schuberg angestellten Untersuchungen, dafs die gröfste Zahl der wegen zu bedeutender Stammgrundfläche bezw. Stammzahl ausgeschiedenen Bestände auch zu den höchst gelegenen gehörten. So haben von den 37 aus diesem Grunde beseitigten Aufnahmen in Mitteldeutschland 25 eine Höhe von über 750 m und 16 eine solche von mehr als 800 m, während im ganzen nur 26 Aufnahmen in letzterer Region stattgefunden haben.

In Süddeutschland liegen von 28 ausgeschiedenen Aufnahmen 13 über 750 und 11 über 800 m, wobei hier 20 Aufnahmen aus so bedeutender Höhe (über 800 m) stammen.

Trotzdem konnte ich mich nicht dazu entschliefsen, für diese Bestände besondere Höhen- und Kreisflächenkurven abzuleiten, und zwar namentlich aus dem Grunde, weil ich bezweifle, dafs dieselben die gleiche Massenentwicklung wie die übrigen Bestände haben und sich nur bezüglich der massenbildenden Faktoren abweichend verhalten. Aufserdem ist aber auch die Zahl der hier in Betracht kommenden Aufnahmen nicht nur zu gering, um mit genügender Sicherheit aus denselben besondere Tafeln ableiten zu können, sondern bildet auch nur einen sehr geringen Prozentsatz sämtlicher Aufnahmen (12 % in Mitteldeutschland und 10 % in Süddeutschland). Schliefslich kam noch in Betracht, dafs ein immerhin nicht unbedeutender Teil der hochgelegenen Bestände (etwa 40 %) in ihrer Zusammensetzung mit dem Durchschnitt der übrigen Bestände so übereinstimmt, dafs es zweifelhaft scheint, ob ein allgemein giltiges Gesetz für erstere besteht.

Zur Ableitung der Kurven für die massenbildenden Faktoren wurden die entsprechenden Werte der als normal befundenen Aufnahmen aufgetragen, wobei die verschiedenen Bonitäten durch besondere Farben bezeichnet und die Kurvenstücke nach den wiederholten Aufnahmen eingezeichnet wurden.

Dabei zeigte sich durchgehends die erfreuliche Erscheinung, dafs sich die verschiedenfarbigen Punkte regelmäfsig in Schichten übereinanderlagerten und ein Ineinandergreifen der Farben nur in sehr untergeordnetem Mafse eintrat.

Die Bonitierung nach der Masse und die Prüfung bezüglich der Normalität wurden hier durch das Verhalten der massenbildenden Faktoren durchaus bestätigt.

Von besonderer Bedeutung war nun die Bestimmung der Mittelwerte für Höhe, Kreisfläche, Formzahl und Stammzahl im 100- bezw. 120jährigen Alter.

Zu diesem Zwecke wurden die in den Tabellen I A und B enthaltenen Werte konkreter Bestände für jene Altersstufen zu Durchschnitten zusammengefafst und untersucht, ob diese Gröfsen auch annähernd in der Mitte des betreffenden farbigen Streifens lagen, und ob dieselben für die verschiedenen Bonitäten in eine regelmäfsige Reihe abgestuft waren; soweit erforderlich erfolgten alsdann kleine Änderungen.

Die Kurven selbst wurden vorläufig in Anhalt an den Verlauf der Kurvenstücke, sowie möglichst in der Mitte des betreffenden farbigen Streifens gezogen, abgelesen, ähnlich wie dieses bei den Massenkurven geschildert worden ist, rechnerisch geprüft und, soweit nötig, streckenweise korrigiert.

Die Höhenkurven konnten nach nochmaligem Vergleich mit dem graphisch dargestellten Grundlagenmaterial sofort als richtig angenommen werden.

Bei den übrigen Kurven wurde noch eine weitere Prüfung vorgenommen, und zwar in folgender Weise:

Nachdem die Kreisflächenkurven nach dem oben dargestellten Verfahren vorläufig entworfen waren, liefsen sich aus Masse, Höhe und Kreisfläche die Bestandesbaumformzahlen berechnen; daneben wurden aber auch die Baumformzahlen der einzelnen Bestände benutzt, um aus ihnen unmittelbar auf graphischem Wege Formzahlkurven abzuleiten, welche den thatsächlichen Verhältnissen möglichst genau entsprechen. Durch Vergleich und Kombination der nach verschiedenen Methoden ermittelten Formzahlen war es möglich, rückwärts die Kreisflächenkurven zu prüfen und durch deren Korrektur die erforderliche Übereinstimmung zwischen beiden Formzahlreihen herbeizuführen.

Die so mit grofser Sorgfalt und Genauigkeit gewonnenen Formzahlen waren, wie oben bereits angegeben, entscheidend für die schliefsliche Beibehaltung der Ausscheidung zweier Gruppen von Wachstumsgebieten, da die letzteren auffällige Unterschiede in Bezug auf jene Zahlen erkennen liefsen.

In der gleichen Weise wie die auf doppeltem Wege abgeleiteten Formzahlen zur Prüfung der Kreisflächen, liefsen sich die Mitteldurchmesser zu jener der Stammzahlen benutzen. Hier wurden zunächst provisorische Stammzahlkurven gezeichnet, alsdann aus ihnen und den Kreisflächen Mitteldurchmesser berechnet, diese mit den Durchmessern verglichen, welche sich aus dem Grundlagenmaterial auf graphischem Wege ergeben hatten, und hiernach wieder die Stammzahlkurven entsprechend verbessert.

Zur Verteilung der Masse nach Derb- und Reisholz dienten Kurven, welche aus den Reisholzprozenten der einzelnen Bestände abgeleitet worden waren.

Die Angaben für die Zwischennutzungen wurden in der gleichen Weise wie in meiner Kiefernertragstafel für Norddeutschland[1]) aus dem periodischen Abgang an den Stammzahlen des Hauptbestandes und den Angaben der Lagerbücher über die Dimensionen der im Lauf der Zeit aus den Probeflächen entnommenen Stämme abgeleitet.

Indessen stand nun auch zu diesem Verfahren nur das Material der preufsischen und sächsischen Versuchsanstalt zur

---

[1]) Wachstum und Ertrag der Kiefer in der norddeutschen Tiefebene, S. 25.

Verfügung, für Süddeutschland sind die entsprechenden Zahlen nach dem Prozentverhältnis zwischen dem Mittelstamm des Hauptbestandes und jenem des periodischen Abganges, welches in der Ertragstafel für Mitteldeutschland ermittelt worden war, berechnet. Da die Angaben bezüglich der Gröfse der Zwischennutzung stets nur annähernd genau sein können, so dürfte dieses Verfahren, welches mit Rücksicht auf die vorliegenden Verhältnisse allein anwendbar war, gerechtfertigt erscheinen.

(Siehe Tabelle II S. 50—63.)

III. Resultate.

Bei Darstellung der Ergebnisse meiner Bearbeitung wird der Einfachheit wegen die Besprechung der charakteristischen Eigentümlichkeiten im Wachstumsgang der Fichte mit der Erörterung der zwischen den beiden Gruppen von Wachstumsgebieten bestehenden Unterschiede verbunden werden.

1. Masse (vergl. Tafel I). Der Entwickelungsgang der Masse zeigt wenigstens für die drei ersten Bonitäten in den jüngeren und mittleren Lebensaltern keine erhebliche Verschiedenheit zwischen den beiden Gruppen von Wachstumsgebieten; in den geringeren Bonitäten ist das Wachstum in Süddeutschland während der Jugend langsamer als in Mitteldeutschland und steigt dann allmählich stärker an, als dort. In den höchsten Altersstufen ist in Süddeutschland für alle Bonitäten der laufendjährliche Zuwachs höher als in Mitteldeutschland, wo derselbe früher und stärker nachläfst.

Das Verhältnis des laufendjährlichen Zuwachses der Hauptbestandsmasse (Derb- und Reisholz zusammen) zwischen beiden Wachstumsgebieten in verschiedenen Lebensaltern ist folgendes:

Alter	I. Bon.		II. Bon.		III. Bon.		IV. Bon.		V. Bon.	
	M	S	M	S	M	S	M	S	M	S
Jahre	Festmeter									
40	16,4	16,7	12,7	12,2	9,1	8,9	6,5	6,2	4,4	4,5
60	10,7	9,8	9,7	9,5	8,4	8,7	6,8	7,0	5,3	5,3
80	7,8	8,0	7,3	7,6	6,6	7,1	5,8	6,5	4,8	5,5
100	6,4	6,4	5,8	6,4	5,1	6,2	4,1	5,8	3,0	4,6
120	5,0	5,5	4,8	5,0	4,0	5,0	3,4	5,2	—	—
(110 f. IV. Bon.)										

Normal-

für die

A. Die mitteldeutschen Gebirge

Alter	Hauptbestand											Periodischer	
	Stammzahl	Stammgrundfläche	Mittelhöhe	Jährlicher Zuwachs der Mittelhöhe		Mittlerer Durchmesser	Masse			Formzahl		Stammzahl	Stammgrundfläche
				laufender	durchschnittlicher		Derbholz	Reisholz	Derb- und Reisholz	Derbholz	Baum		
Jahre		qm	m	m		cm	fm						qm
												I. Bonität.	
10	—	8,6	2,3	0,25	0,23	—	—	66	66	—	3,457	—	—
15	—	15,0	4,1	0,38	0,27	—	—	115	115	—	1,870	—	—
20	7350	22,3	6,1	0,42	0,30	6,6	49	126	175	360	1,286	—	—
25	5700	31,7	8,3	0,46	0,33	8,4	120	130	250	376	0,951	1650	1,80
30	4450	39,0	10,7	**0,50**	0,36	10,6	204	131	335	490	803	1250	2,75
35	3500	43,9	13,3	0,50	0,38	12,6	298	129	427	510	731	950	3,46
40	2800	47,6	15,7	0,46	0,39	14,7	388	126	514	519	688	700	3,94
45	2220	50,3	17,9	0,42	**0,40**	17,0	469	122	591	521	656	580	4,20
50	1790	52,5	19,9	0,38	0,40	19,3	542	118	660	519	632	430	4,31
55	1480	54,4	21,7	0,34	0,39	21,7	608	114	722	515	612	310	4,27
60	1250	56,0	23,3	0,30	0,39	23,9	668	110	778	511	596	230	4,14
65	1080	57,3	24,7	0,27	0,38	26,0	722	107	829	507	585	170	3,84
70	950	58,4	26,0	0,25	0,37	28,0	771	105	876	505	577	130	3,48
75	850	59,4	27,2	0,23	0,36	29,8	816	103	919	503	569	100	3,15
80	770	60,4	28,3	0,21	0,35	31,6	857	102	959	500	561	80	2,89
85	700	61,4	29,3	0,19	0,34	33,4	895	102	997	498	554	70	2,68
90	640	62,3	30,2	0,17	0,33	35,2	931	102	1033	495	549	60	2,49
95	590	63,2	31,0	0,16	0,32	36,9	965	102	1067	492	545	50	2,32
100	550	64,0	31,8	0,15	0,32	38,5	997	103	1100	490	540	40	2,15
105	520	64,8	32,5	0,13	0,31	39,8	1028	103	1131	488	537	30	1,96
110	500	65,5	33,1	0,11	0,30	40,8	1058	103	1161	488	536	20	1,73
115	485	66,2	33,6	0,10	0,29	41,7	1086	103	1189	488	534	15	1,45
120	473	66,8	34,1	0,10	0,28	42,5	1112	103	1215	487	533	12	1,10
												II. Bonität.	
10	—	6,9	1,6	0,18	0,16	—	—	50	50	—	4,528	—	—
15	—	12,2	2,9	0,28	0,20	—	—	87	87	—	2,459	—	—
20	—	18,4	4,4	0,32	0,22	—	—	133	133	—	1,643	—	—

Tabelle II.

Ertragstafel

Fichte.

und Norddeutschland.

Abgang — Masse — Derbholz (fm)	Abgang — Masse — Reisholz (fm)	Abgang — Masse — Derb- und Reisholz (fm)	Summe der Vorerträge — Derbholz (fm)	Summe der Vorerträge — Derb- und Reisholz (fm)	Hauptbestand u. per. Abgang — Gesamtmasse — Derbholz (fm)	Hauptbestand u. per. Abgang — Gesamtmasse — Derb- und Reisholz (fm)	Per. Abgang in % der Gesamtmasse — Derbholz	Per. Abgang in % der Gesamtmasse — Derb- und Reisholz	Massenzuwachs durchschnittl. jährlicher des Hauptbestandes — Derbholz (fm)	des Hauptbestandes — Derb- und Reisholz (fm)	durchschnittl. jährlicher der Gesamtmasse — Derbholz (fm)	der Gesamtmasse — Derb- und Reisholz (fm)	laufendjährlicher der Gesamtmasse — Derbholz (fm)	Derbholz (%)	Derb- und Reisholz (fm)	Derb- und Reisholz (%)	Alter (Jahre)
—	—	—	—	—	—	66	—	—	—	6,6	—	6,6	—	—	—	—	10
—	—	—	—	—	—	115	—	—	—	7,7	—	7,7	—	—	10,9	9,0	15
—	—	—	—	—	49	175	—	—	2,5	8,8	2,5	8,8	—	—	14,7	7,8	20
—	12	12	—	12	120	262	—	4,6	4,8	10,0	4,8	10,5	15,9	12,4	18,9	7,0	25
4	13	17	4	29	208	364	1,9	8,0	6,8	11,2	6,9	12,1	19,1	8,9	21,6	5,8	30
9	13	22	13	51	311	478	4,2	10,7	8,5	12,2	8,9	13,6	20,8	6,7	22,7	4,7	35
15	11	26	28	77	416	591	6,7	13,0	9,7	12,9	10,4	14,8	20,7	5,0	22,0	3,7	40
21	9	30	49	107	518	698	9,5	15,3	10,4	13,1	11,5	15,5	20,2	3,9	21,0	3,0	45
27	7	34	76	141	618	801	12,3	17,6	10,8	13,2	12,4	16,0	19,6	3,2	20,0	2,5	50
30	6	36	106	177	714	899	14,8	19,7	11,1	13,1	13,0	16,3	18,8	2,6	19,1	2,1	55
32	5	37	138	214	806	992	17,1	21,6	11,1	13,0	13,4	16,5	17,8	2,2	18,0	1,8	60
32	4	36	170	250	892	1079	19,1	23,2	11,1	12,8	13,7	16,5	16,7	1,9	16,9	1,6	65
32	3	35	202	285	973	1161	20,8	24,5	11,0	12,5	13,9	16,6	15,6	1,6	15,8	1,4	70
30	3	33	232	318	1048	1237	22,1	25,7	10,9	12,2	14,0	16,5	14,5	1,4	14,7	1,2	75
29	2	31	261	349	1118	1308	23,3	26,7	10,7	12,0	14,0	16,4	13,5	1,2	13,8	1,0	80
27	2	29	288	378	1183	1375	24,3	27,5	10,5	11,7	13,9	16,2	12,6	1,1	13,0	0,9	85
25	2	27	313	405	1244	1438	25,2	28,2	10,3	11,5	13,8	16,0	11,8	1,0	12,2	0,8	90
23	2	25	336	430	1301	1497	25,8	28,8	10,2	11,2	13,7	15,8	11,1	0,9	11,5	0,7	95
22	1	23	358	453	1355	1553	26,4	29,2	10,0	11,0	13,6	15,5	10,6	0,8	10,9	0,7	100
21	1	22	379	475	1407	1606	26,9	29,6	9,7	10,8	13,4	15,3	10,1	0,7	10,3	0,6	105
19	1	20	398	495	1456	1656	27,3	29,9	9,6	10,5	13,2	15,0	9,5	0,7	9,7	0,6	110
18	1	19	416	514	1502	1703	27,7	30,2	9,4	10,3	13,0	14,8	8,9	0,6	9,1	0,5	115
17	1	18	433	532	1545	1747	28,0	30,5	9,3	10,1	12,9	14,7	8,4	0,6	8,6	0,5	120
—	—	—	—	—	—	50	—	—	—	5,0	—	5,0	—	—	—	—	10
—	—	—	—	—	—	87	—	—	—	5,8	—	5,8	—	—	8,3	9,1	15
—	—	—	—	—	—	133	—	—	—	6,6	—	6,6	—	—	10,4	7,5	20

Mitteldeutschland.

Alter	Stamm-zahl	Stamm-grund-fläche	Mittel-höhe	Jährlicher Zuwachs der Mittelhöhe		Mitt-lerer Durch-messer	Masse			Formzahl		Periodischer	
				laufen-der	durch-schnitt-licher		Derb-holz	Reis-holz	Derb- und Reis-holz	Derb-holz	Baum	Stamm-zahl	Stamm-grund-fläche
Jahre		qm	m	m	m	cm	fm						qm

II. Bonität.

Alter	Stammzahl	Stammgrundfläche	Mittelhöhe	laufender	durchschnittlicher	Mittl. Durchm.	Derbholz	Reisholz	Derb- u. Reisholz	Formz. Derbholz	Formz. Baum	Period. Stammzahl	Period. Stammgrundfl.
25	6560	25,3	6,1	0,36	0,24	7,0	52	139	191	337	1,238	—	—
30	5200	31,3	8,0	0,40	0,27	8,7	119	134	253	475	1,014	1360	2,00
35	4200	36,2	10,1	**0,43**	0,29	10,5	192	125	317	525	0,867	1060	2,55
40	3370	40,0	12,3	0,42	0,31	12,3	266	117	383	541	778	810	2,95
45	2720	43,0	14,3	0,39	0,32	14,1	334	110	444	543	722	610	3,21
50	2265	45,1	16,2	0,36	0,32	15,9	395	105	500	541	684	460	3,37
55	1905	47,0	17,9	0,33	**0,33**	17,8	451	102	553	536	657	360	3,31
60	1620	48,7	19,5	0,30	0,32	19,7	503	100	603	530	637	285	3,21
65	1395	50,2	20,9	0,27	0,32	21,5	551	99	650	525	620	225	3,03
70	1220	51,6	22,2	0,25	0,32	23,2	595	98	693	519	605	175	2,83
75	1085	52,8	23,4	0,23	0,31	24,8	635	98	733	514	593	135	2,67
80	980	53,8	24,5	0,21	0,31	26,4	672	99	771	510	585	105	2,52
85	895	54,7	25,5	0,19	0,30	27,9	707	99	806	507	578	85	2,38
90	825	55,6	26,4	0,17	0,29	29,3	740	99	839	504	572	70	2,25
95	765	56,4	27,2	0,16	0,29	30,7	771	99	870	502	567	60	2,09
100	715	57,2	28,0	0,15	0,28	32,0	800	100	900	500	562	50	1,93
105	675	58,0	28,7	0,13	0,27	33,1	828	100	928	498	558	40	1,73
110	645	58,7	29,3	0,12	0,27	34,0	855	100	955	497	555	30	1,50
115	625	59,3	29,9	0,11	0,26	34,7	881	100	981	497	554	20	1,25
120	610	59,8	30,4	0,10	0,25	35,3	906	100	1006	497	553	15	0,98

III. Bonität.

Alter	Stammzahl	Stammgrundfläche	Mittelhöhe	laufender	durchschnittlicher	Mittl. Durchm.	Derbholz	Reisholz	Derb- u. Reisholz	Formz. Derbholz	Formz. Baum	Period. Stammzahl	Period. Stammgrundfl.
10	—	—	1,1	0,12	0,11	—	—	37	37	—	—	—	—
15	—	10,0	2,0	0,20	0,13	–	—	65	65	—	3,250	—	—
20	—	14,2	3,1	0,24	0,16	—	—	100	100	—	2,271	—	—
25	—	19,0	4,4	0,28	0,18	—	15	125	140	179	1,675	—	—
30	8250	24,1	5,9	0,31	0,20	6,1	47	136	183	331	1,283	—	—
35	6250	28,9	7,5	0,33	0,22	7,7	94	134	228	433	1,052	2000	2,15
40	4810	32,5	9,2	0,35	0,23	9,3	148	125	273	495	0,913	1440	2,61
45	3780	35,3	11,0	**0,36**	0,24	10,9	204	115	319	525	822	1030	2,86
50	3040	37,6	12,8	0,34	0,25	12,5	257	108	365	534	758	740	2,96
55	2500	39,5	14,4	0,31	0,26	14,2	307	102	409	538	719	540	2,90
60	2100	41,4	15,9	0,29	0,27	15,8	354	98	452	539	691	400	2,82

(Fortsetzung.)

Abgang					Hauptbestand und periodischer Abgang				Massenzuwachs								Alter
Masse			Summe der Vorerträge		Gesamtmasse		Per. Abgang in % der Gesamtmasse		durchschnittl. jährlicher				laufendjährlicher				
									des Hauptbestandes		der Gesamtmasse		der Gesamtmasse				
Derbholz	Reisholz	Derb- und Reisholz	Derbholz	Derb- und Reisholz	Derbholz	Derb- und Reisholz	Derbholz	Derb- und Reisholz	Derbholz	Derb- und Reisholz	Derbholz	Derb- und Reisholz	Derbholz		Derb- und Reisholz		
fm					fm		%		fm				fm	%	fm	%	Jahre
—	—	—	—	—	52	191	—	—	2,1	7,6	2,1	7,6	—	—	13,2	6,6	25
—	12	12	—	12	119	265	—	4,5	4,0	8,2	4,0	8,8	14,3	11,6	15,4	5,7	30
3	13	16	3	28	195	345	1,5	8,1	5,8	8,9	5,3	9,8	15,6	7,9	16,6	4,7	35
6	14	20	9	48	275	431	3,3	11,1	6,7	9,6	6,9	10,8	16,0	5,8	17,1	3,5	40
12	12	24	21	72	355	516	6,0	14,0	7,4	9,9	7,9	11,5	15,8	4,5	16,8	3,1	45
17	10	27	38	99	433	599	8,8	16,5	7,9	10,0	8,7	12,0	15,5	3,6	16,5	2,8	50
21	8	29	59	128	510	681	11,6	18,8	8,2	10,1	9,3	12,4	15,3	3,0	16,2	2,4	55
24	6	30	83	158	586	761	14,2	20,8	8,4	10,1	9,8	12,7	14,9	2,6	15,7	2,1	60
25	5	30	108	188	659	838	16,4	22,4	8,5	10,0	10,1	12,9	14,1	2,1	14,9	1,8	65
24	5	29	132	217	727	910	18,2	23,8	8,5	9,9	10,4	13,0	13,1	1,8	13,9	1,5	70
23	4	27	155	244	790	977	19,6	25,0	8,5	9,8	10,5	13,0	12,2	1,5	13,0	1,3	75
22	3	25	177	269	849	1040	20,8	25,9	8,4	9,6	10,6	13,0	11,4	1,3	12,1	1,1	80
20	3	23	197	292	904	1098	21,8	26,6	8,3	9,4	10,6	12,9	10,7	1,1	11,3	1,0	85
19	3	22	216	314	956	1153	22,6	27,2	8,2	9,3	10,6	12,8	10,1	1,0	10,6	0,9	90
18	2	20	234	334	1005	1204	23,3	27,7	8,1	9,1	10,6	12,7	9,4	0,9	9,9	0,8	95
16	2	18	250	352	1050	1252	23,8	28,1	8,0	9,0	10,5	12,5	8,8	0,8	9,3	0,7	100
15	2	17	265	369	1093	1297	24,2	28,4	7,9	8,8	10,4	12,4	8,4	0,8	8,8	0,7	105
14	2	16	279	385	1134	1340	24,6	28,7	7,8	8,7	10,3	12,2	8,0	0,7	8,3	0,6	110
13	1	14	292	399	1173	1380	24,9	28,9	7,7	8,5	10,2	12,0	7,6	0,7	7,8	0,6	115
12	1	13	304	412	1210	1418	25,1	29,1	7,6	8,4	10,1	11,8	7,2	0,6	7,4	0,5	120
—	—	—	—	—	—	37	—	—	—	3,7	—	3,7	—	—	—	—	10
—	—	—	—	—	—	65	—	—	—	4,3	—	4,3	—	—	6,3	9,2	15
—	—	—	—	—	—	100	—	—	—	5,0	—	5,0	—	—	7,5	7,3	20
—	—	—	—	—	15	140	—	—	0,6	5,6	0,6	5,6	—	—	8,3	5,9	25
—	—	—	—	—	47	183	—	—	1,6	6,0	1,6	6,0	7,9	14,5	10,0	5,3	30
—	12	12	—	12	94	240	—	5,0	2,7	6,5	2,7	6,9	10,3	10,2	11,7	4,8	35
2	13	15	2	27	150	300	1,3	9,0	3,7	6,9	3,8	7,5	11,8	7,7	12,4	4,1	40
6	12	18	8	45	212	364	3,8	12,4	4,5	7,1	4,7	8,1	12,4	5,8	13,0	3,6	45
9	11	20	17	65	274	430	5,2	15,1	5,1	7,3	5,5	8,6	12,5	4,6	13,2	3,1	50
13	9	22	30	87	337	496	9,0	17,5	5,6	7,4	6,1	9,0	12,6	3,7	13,2	2,7	55
16	7	23	46	110	400	562	11,5	19,6	5,9	7,5	6,7	9,4	12,4	3,1	13,0	2,3	60

Mitteldeutschland.

Alter	Hauptbestand						Masse			Formzahl		Periodischer	
	Stammzahl	Stammgrundfläche	Mittelhöhe	laufender	durchschnittlicher	Mittlerer Durchmesser	Derbholz	Reisholz	Derb- und Reisholz	Derbholz	Baum	Stammzahl	Stammgrundfläche
Jahre		qm	m	m	m	cm	fm						qm
III. Bonität.													
65	1800	42,5	17,3	0,27	0,27	17,3	398	95	493	541	671	300	2,68
70	1570	43,8	18,6	0,24	0,27	18,8	439	94	533	539	654	230	2,51
75	1390	45,1	19,7	0,21	0,26	20,3	477	93	570	537	641	180	2,33
80	1250	46,3	20,7	0,19	0,26	21,7	512	92	604	534	630	140	2,15
85	1140	47,5	21,6	0,17	0,25	23,0	545	91	636	531	620	110	1,98
90	1060	48,5	22,4	0,16	0,25	24,1	575	91	666	528	613	80	1,81
95	1000	49,5	23,2	0,15	0,24	25,1	602	92	694	524	604	60	1,66
100	950	50,4	23,9	0,13	0,24	26,0	627	93	720	522	598	50	1,53
105	905	51,2	24,5	0,11	0,23	26,8	651	94	745	520	594	45	1,44
110	865	51,9	25,0	0,09	0,23	27,6	674	94	768	520	592	40	1,38
115	830	52,6	25,4	0,08	0,22	28,4	696	94	790	520	591	35	1,34
120	800	53,2	25,8	0,07	0,21	29,1	716	95	811	520	591	30	1,29
IV. Bonität.													
10	—	—	0,7	0,08	0,07	—	—	25	25	—	—	—	—
15	—	—	1,3	0,13	0,09	—	—	46	46	—	—	—	—
20	—	11,6	2,0	0,16	0,10	—	—	70	70	—	3,017	—	—
25	—	15,3	2,9	0,19	0,12	—	—	97	97	—	2,186	—	—
30	—	19,2	3,9	0,22	0,13	—	12	114	126	160	1,683	—	—
35	9100	23,2	5,1	0,25	0,15	5,7	31	125	156	262	1,319	—	—
40	6760	26,6	6,4	0,27	0,16	7,1	60	128	188	352	1,104	2340	2,13
45	5200	29,3	7,8	0,29	0,18	8,5	99	122	221	433	0,967	1560	2,37
50	4080	31,4	9,3	0,30	0,19	9,9	146	108	254	500	870	1120	2,50
55	3280	33,1	10,8	0,29	0,20	11,3	190	98	288	532	811	800	2,40
60	2720	34,5	12,2	0,27	0,20	12,7	231	91	322	549	765	560	2,27
65	2320	35,8	13,5	0,25	0,20	14,0	269	87	356	557	737	400	2,11
70	2020	37,0	14,7	0,23	0,21	15,3	304	85	389	559	715	300	1,95
75	1795	38,2	15,8	0,21	0,21	16,5	337	84	421	558	697	225	1,77
80	1620	39,3	16,8	0,19	0,21	17,6	368	83	451	557	683	175	1,60
85	1485	40,4	17,7	0,17	0,21	18,6	396	83	479	554	670	135	1,44
90	1385	41,4	18,5	0,15	0,21	19,5	421	84	505	550	658	100	1,29
95	1310	42,3	19,2	0,13	0,20	20,3	444	85	529	547	651	75	1,15
100	1250	43,1	19,8	0,11	0,20	21,0	465	85	550	545	644	60	1,04
105	1200	43,8	20,3	0,09	0,19	21,5	484	86	570	545	641	50	0,95
110	1160	44,4	20,7	0,09	0,19	22,0	501	87	588	545	640	40	0,89

Abgang					Hauptbestand und periodischer Abgang				Massenzuwachs								Alter
Masse			Summe der Vorerträge		Gesamtmasse		Per. Abgang in %/o der Gesamtmasse		durchschnittl. jährlicher				laufendjährlicher				
									des Hauptbestandes		der Gesamtmasse		der Gesamtmasse				
Derbholz	Reisholz	Derb- und Reisholz	Derbholz	Derb- und Reisholz	Derbholz	Derb- und Reisholz	Derbholz	Derb- und Reisholz	Derbholz	Derb- und Reisholz	Derbholz	Derb- und Reisholz	Derbholz		Derb- und Reisholz		
fm			fm		fm		%/o		fm				fm	%/o	fm	%/o	Jahre
17	6	23	63	133	461	626	13,7	21,2	6,1	7,6	7,1	9,6	11,9	2,6	12,6	2,0	65
17	5	22	80	155	519	688	15,4	22,7	6,3	7,6	7,4	9,8	11,3	2,2	12,0	1,7	70
17	4	21	97	176	574	746	16,9	23,6	6,4	7,6	7,6	9,9	10,6	1,9	11,2	1,5	75
16	4	20	113	196	625	800	18,1	24,5	6,4	7,5	7,8	10,0	9,9	1,6	10,4	1,3	80
15	3	18	128	214	673	850	19,0	25,2	6,4	7,5	7,9	10,0	9,2	1,4	9,7	1,1	85
14	3	17	142	231	717	897	19,8	25,7	6,4	7,4	8,0	10,0	8,5	1,2	9,1	1,0	90
14	2	16	156	247	758	941	20,6	26,2	6,3	7,3	8,0	9,9	7,9	1,0	8,5	0,9	95
13	2	15	169	262	796	982	21,2	26,7	6,3	7,2	8,0	9,8	7,4	0,9	8,0	0,8	100
12	2	14	181	276	832	1021	21,7	27,0	6,2	7,1	7,9	9,7	7,1	0,8	7,5	0,7	105
12	1	13	193	289	867	1057	22,2	27,3	6,1	7,0	7,9	9,6	6,8	0,8	7,0	0,7	110
11	1	12	204	301	900	1091	22,7	27,6	6,0	6,9	7,8	9,5	6,3	0,7	6,6	0,6	115
10	1	11	214	312	930	1123	23,0	27,8	5,9	6,8	7,8	9,4	6,0	0,7	6,2	0,6	120
—	—	—	—	—	—	25	—	—	—	2,5	—	2,5	—	—	—	—	10
—	—	—	—	—	—	46	—	—	—	3,0	—	3,0	—	—	4,5	9,5	15
—	—	—	—	—	—	70	—	—	—	3,5	—	3,5	—	—	5,1	7,1	20
—	—	—	—	—	—	97	—	—	—	3,8	—	3,8	—	—	5,6	5,7	25
—	—	—	—	—	12	126	—	—	0,4	4,2	0,4	4,2	—	—	5,9	4,9	30
—	—	—	—	—	31	156	—	—	0,9	4,5	0,9	4,5	4,8	13,3	7,2	4,5	35
—	10	10	—	10	60	198	—	5,0	1,5	4,7	1,5	5,0	6,9	10,5	8,7	4,2	40
1	11	12	1	22	100	243	1,0	9,1	2,2	4,9	2,2	5,4	9,0	8,4	9,1	3,7	45
3	10	13	4	35	150	289	2,7	12,1	2,9	5,1	3,0	5,8	9,9	6,7	9,4	3,2	50
6	8	14	10	49	200	337	5,0	14,5	3,5	5,2	3,6	6,1	10,0	5,0	9,7	2,9	55
8	7	15	18	64	249	386	7,2	16,6	3,9	5,4	4,2	6,4	9,6	3,8	9,8	2,5	60
9	6	15	27	79	296	435	9,1	18,2	4,1	5,5	4,6	6,7	9,2	3,1	9,7	2,2	65
10	5	15	37	94	341	483	10,9	19,5	4,3	5,5	4,9	6,9	8,8	2,6	9,4	1,9	70
10	4	14	47	108	384	529	12,2	20,4	4,5	5,6	5,1	7,1	8,5	2,2	9,0	1,7	75
11	3	14	58	122	426	573	14,1	21,3	4,6	5,6	5,3	7,2	8,0	1,9	8,5	1,5	80
10	3	13	68	135	464	614	14,9	22,0	4,6	5,6	5,4	7,2	7,3	1,6	7,9	1,3	85
10	2	12	78	147	499	652	15,8	22,5	4,7	5,6	5,5	7,2	6,7	1,4	7,3	1,1	90
9	2	11	87	158	531	687	16,4	23,0	4,7	5,6	5,5	7,2	6,2	1,2	6,7	1,0	95
9	2	11	96	169	561	719	17,1	23,5	4,7	5,5	5,6	7,2	5,8	1,0	6,2	0,9	100
9	1	10	105	179	589	749	17,8	23,9	4,6	5,5	5,6	7,1	5,3	0,9	5,7	0,8	105
8	1	9	113	188	614	776	18,4	24,2	4,6	5,4	5,6	7,0	4,8	0,8	5,2	0,7	110

(Fortsetzung.)

Mitteldeutschland.

| Alter | Stamm-zahl | Stamm-grund-fläche | Mittel-höhe | Jährlicher Zuwachs der Mittelhöhe | | Mitt-lerer Durch-messer | Masse | | | Formzahl | | Periodischer Stamm-Zahl | Periodischer Stamm-grund-fläche |
| | | | | laufen-der | durch-schnitt-licher | | Derb-holz | Reis-holz | Derb- und Reis-holz | Derb-holz | Baum | | |
Jahre		qm	m	m		cm	fm						qm

V. Bonität.

Alter	Stammzahl	Stammgrundfläche	Mittelhöhe	laufender	durchschnittlicher	Durchmesser	Derbholz	Reisholz	Derb- und Reisholz	Formzahl Derbholz	Formzahl Baum	Period. Stamm-Zahl	Period. Stammgrundfläche
10	—	—	0,4	0,05	0,04	—	—	17	17	—	—	—	—
15	—	—	0,8	0,07	0,05	—	—	29	29	—	—	—	—
20	—	8,8	1,3	0,11	0,06	—	—	43	43	—	3,760	—	—
25	—	11,2	1,9	0,14	0,08	—	—	59	59	—	2,773	—	—
30	—	14,0	2,7	0,17	0,09	—	—	77	77	—	2,037	—	—
35	—	17,0	3,6	0,19	0,10	—	9	88	97	147	1,585	—	—
40	9800	20,0	4,6	0,20	0,11	5,1	24	94	118	261	1,283	—	—
45	7020	22,6	5,6	0,21	0,12	6,4	43	98	141	340	1,114	2780	1,65
50	5320	24,8	6,7	0,22	0,13	7,7	67	98	165	403	0,993	1700	1,72
55	4180	26,6	7,8	0,23	0,14	9,0	97	94	191	467	921	1140	1,66
60	3390	28,2	9,0	**0,24**	0,15	10,3	131	86	217	516	855	790	1,56
65	2850	29,6	10,2	0,23	0,16	11,5	163	81	244	540	808	540	1,43
70	2470	30,8	11,3	0,21	0,16	12,6	193	78	271	555	779	380	1,29
75	2200	31,9	12,3	0,19	0,16	13,6	221	76	297	563	757	270	1,15
80	2000	33,0	13,2	0,16	**0,16**	14,5	247	75	322	567	739	200	1,01
85	1850	34,0	13,9	0,13	0,16	15,3	270	75	345	571	730	150	0,89
90	1740	34,9	14,5	0,11	0,16	16,0	290	76	366	573	723	110	0,78
95	1660	35,7	15,0	0,10	0,16	16,5	308	76	384	575	717	80	0,68
100	1600	36,4	15,5	0,09	0,15	17,0	324	76	400	574	710	60	0,59

B. Süd·

I. Bonität.

Alter	Stammzahl	Stammgrundfläche	Mittelhöhe	laufender	durchschnittlicher	Durchmesser	Derbholz	Reisholz	Derb- und Reisholz	Formzahl Derbholz	Formzahl Baum	Period. Stamm-Zahl	Period. Stammgrundfläche
10	—	—	2,6	0,29	0,26	—	—	90	90	—	—	—	—
15	—	18,1	4,6	0,41	0,30	—	—	142	142	—	1,705	—	—
20	6720	25,6	6,7	0,44	0,33	7,0	48	152	200	280	1,166	—	—
25	5100	32,1	9,0	0,48	0,36	9,0	127	141	268	440	0,928	1620	2,19
30	3900	37,6	11,5	0,52	0,38	11,1	219	126	345	507	798	1200	3,06
35	3020	42,0	14,2	**0,53**	0,40	13,3	314	116	430	526	721	880	3,64
40	2380	45,8	16,8	0,50	0,42	15,6	410	107	517	533	672	640	3,96
45	1920	49,1	19,2	0,46	0,43	18,0	499	98	597	529	633	460	4,11
50	1590	52,0	21,4	0,42	**0,43**	20,4	576	93	669	511	593	330	4,18
55	1350	54,4	23,4	0,38	0,42	22,7	638	91	729	501	573	240	4,04
60	1170	56,4	25,2	0,34	0,42	24,8	691	89	780	486	542	180	3,74

Abgang: Masse Derb-Holz	Masse Reis-holz	Masse Derb- und Reis-holz	Summe der Vorerträge Derb-holz	Summe der Vorerträge Derb- und Reis-holz	Hauptbestand Gesamtmasse Derb-holz	Gesamtmasse Derb- und Reis-holz	Per. Abgang in % Derb-holz	Per. Abgang in % Derb- und Reis-holz	Massenzuwachs durchschnittl. jährl. des Hauptbestandes Derb-holz	des Hauptbestandes Derb- und Reis-holz	durchschnittl. der Gesamtmasse Derb-holz	der Gesamtmasse Derb- und Reis-holz	laufendjährl. der Gesamtmasse Derbholz fm	Derbholz %	Derb- und Reisholz fm	Derb- und Reisholz %	Alter Jahre
—	—	—	—	—	—	17	—	—	—	1,7	—	1,7	—	—	—	—	10
—	—	—	—	—	—	29	—	—	—	2,0	—	2,0	—	—	2,6	8,7	15
—	—	—	—	—	—	43	—	—	—	2,2	—	2,2	—	—	3,0	6,8	20
—	—	—	—	—	—	59	—	—	—	2,4	—	2,4	—	—	3,4	5,7	25
—	—	—	—	—	—	77	—	—	—	2,6	—	2,6	—	—	3,8	4,9	30
—	—	—	—	—	9	97	—	—	0,3	2,8	0,3	2,8	—	—	4,1	4,5	35
—	—	—	—	—	24	118	—	—	0,6	3,0	0,6	3,0	3,4	13,1	5,3	4,3	40
—	9	9	—	9	43	150	—	6,0	1,0	3,1	1,0	3,3	4,3	9,4	6,6	4,1	45
—	10	10	—	19	67	184	—	10,3	1,3	3,3	1,3	3,7	5,6	7,9	7,0	3,8	50
2	8	10	2	29	99	220	2,0	13,2	1,8	3,5	1,8	4,0	6,9	6,8	7,2	3,5	55
3	7	10	5	39	136	256	3,7	15,2	2,2	3,6	2,3	4,3	7,4	5,4	7,4	3,0	60
5	6	11	10	50	173	294	5,8	17,0	2,5	3,7	2,7	4,5	7,4	4,2	7,5	2,6	65
6	4	10	16	60	209	331	7,7	18,1	2,8	3,8	3,0	4,7	7,0	3,4	7,2	2,2	70
6	3	9	22	69	243	366	9,1	18,9	3,0	3,9	3,2	4,9	6,6	2,7	6,9	1,9	75
6	3	9	28	78	275	400	10,2	19,5	3,1	4,0	3,4	5,0	6,1	2,2	6,5	1,6	80
6	2	8	34	86	304	431	11,2	20,0	3,2	4,1	3,5	5,0	5,4	1,8	5,9	1,3	85
5	2	7	39	93	329	459	11,9	20,3	3,2	4,1	3,6	5,1	4,8	1,5	5,2	1,1	90
5	1	6	44	99	352	483	12,5	20,5	3,2	4,0	3,7	5,1	4,4	1,2	4,6	1,0	95
5	1	6	49	105	373	505	13,1	20,8	3,2	4,0	3,7	5,0	4,0	1,0	4,2	0,9	100

deutschland.

Abgang: Masse Derb-Holz	Masse Reis-holz	Masse Derb- und Reis-holz	Summe der Vorerträge Derb-holz	Summe der Vorerträge Derb- und Reis-holz	Hauptbestand Gesamtmasse Derb-holz	Gesamtmasse Derb- und Reis-holz	Per. Abgang in % Derb-holz	Per. Abgang in % Derb- und Reis-holz	Massenzuwachs durchschnittl. jährl. des Hauptbestandes Derb-holz	des Hauptbestandes Derb- und Reis-holz	durchschnittl. der Gesamtmasse Derb-holz	der Gesamtmasse Derb- und Reis-holz	laufendjährl. der Gesamtmasse Derbholz fm	Derbholz %	Derb- und Reisholz fm	Derb- und Reisholz %	Alter Jahre
—	—	—	—	—	—	90	—	—	—	9,0	—	9,0	—	—	—	—	10
—	—	—	—	—	—	142	—	—	—	9,5	—	9,5	—	—	11,0	7,6	15
—	—	—	—	—	48	200	—	—	2,4	10,0	2,4	10,0	—	—	13,9	6,6	20
—	13	13	—	13	127	281	—	4,6	5,1	10,7	5,1	11,2	17,7	13,0	17,9	6,2	25
6	15	21	6	34	225	379	2,6	9,0	7,3	11,5	7,5	12,6	20,5	8,9	20,0	5,2	30
12	15	27	18	61	332	491	5,4	12,4	8,7	12,3	9,2	14,0	22,1	6,6	23,0	4,6	35
18	13	31	36	92	446	609	8,1	15,1	10,3	12,9	11,2	15,2	22,7	4,6	23,2	3,9	40
24	10	34	60	126	559	723	10,7	17,4	11,1	13,3	12,4	16,1	21,8	3,9	22,1	3,1	45
28	7	35	88	161	664	830	13,3	19,4	11,5	13,4	13,5	16,6	19,7	3,0	20,3	2,5	50
30	6	36	118	197	756	926	15,6	21,3	11,6	13,3	13,8	16,8	17,6	2,3	18,3	2,0	55
31	5	36	149	233	840	1013	17,7	23,0	11,5	13,0	14,0	16,9	16,1	1,9	16,8	1,7	60

Alter	Stamm-zahl	Stamm-grund-fläche	Mittel-höhe	Jährlicher Zuwachs der Mittelhöhe laufen-der	Jährlicher Zuwachs der Mittelhöhe durch-schnitt-licher	Mitt-lerer Durch-messer	Masse Derb-holz	Masse Reis-holz	Masse Derb-und Reis-holz	Formzahl Derb-holz	Formzahl Baum	Periodischer Stamm-Zahl	Periodischer Stamm-grund-fläche
Jahre		qm	m	m		cm	fm						qm
I. Bonität.													
65	1030	58,1	26,8	0,30	0,41	26,8	738	89	827	474	531	140	3,38
70	920	59,6	28,2	0,26	0,40	28,7	782	90	872	465	520	110	3,07
75	830	61,0	29,4	0,23	0,39	30,6	824	91	915	459	510	90	2,86
80	755	62,3	30,5	0,22	0,38	32,5	864	92	956	454	503	75	2,69
85	690	63,5	31,6	0,21	0,37	34,3	902	93	995	449	496	65	2,54
90	635	64,6	32,6	0,20	0,36	36,0	938	94	1032	444	490	55	2,40
95	590	65,6	33,6	0,19	0,35	37,6	972	95	1067	441	484	45	2,25
100	555	66,5	34,5	0,17	0,34	39,1	1004	96	1100	438	479	35	2,09
105	525	67,4	35,3	0,15	0,34	40,4	1034	97	1131	434	476	30	1,93
110	500	68,2	36,0	0,13	0,33	41,6	1062	99	1161	432	473	25	1,78
115	480	69,0	36,6	0,11	0,32	42,7	1089	101	1190	431	471	20	1,65
120	465	69,7	37,1	0,10	0,31	43,7	1115	103	1218	431	471	15	1,55
II. Bonität.													
10	—	—	2,0	0,22	0,20	—	—	64	64	—	—	—	—
15	—	13,0	3,5	0,31	0,23	—	—	99	99	—	2,174	—	—
20	—	18,4	5,1	0,33	0,25	—	6	136	142	64	1,513	—	—
25	8740	24,0	6,8	0,36	0,27	5,7	42	152	194	258	1,188	—	—
30	6710	29,2	8,7	0,39	0,29	7,4	92	158	250	362	0,984	2030	1,87
35	5190	34,0	10,7	0,42	0,31	9,1	157	152	309	432	849	1520	2,35
40	4070	37,8	12,9	0,44	0,32	10,9	231	139	370	474	759	1120	2,78
45	3235	40,8	15,1	0,42	0,33	12,7	307	124	431	498	700	835	3,15
50	2610	43,3	17,1	0,39	0,34	14,6	378	111	489	508	660	625	3,45
55	2135	45,4	19,0	0,36	0,35	16,5	440	101	541	510	627	475	3,68
60	1770	47,3	20,7	0,32	0,35	18,5	496	94	590	507	603	365	3,78
65	1485	49,1	22,2	0,29	0,34	20,5	547	89	636	502	583	285	3,74
70	1260	50,7	23,6	0,27	0,34	22,6	593	87	680	496	568	225	3,62
75	1085	52,2	24,9	0,25	0,33	24,8	634	87	721	488	555	175	3,44
80	950	53,6	26,1	0,23	0,33	26,9	672	88	760	483	543	135	3,22
85	845	54,8	27,2	0,22	0,32	28,8	708	89	797	475	535	105	2,97
90	765	55,9	28,3	0,21	0,31	30,5	743	90	833	470	527	80	2,70
95	705	56,9	29,3	0,19	0,31	32,0	776	91	867	465	521	60	2,42
100	660	57,8	30,2	0,17	0,30	33,3	808	92	900	463	516	45	2,17
105	625	58,6	31,0	0,15	0,30	34,5	838	93	931	461	513	35	2,00
110	595	59,3	31,7	0,13	0,29	35,7	866	95	961	461	511	30	1,89
115	565	60,0	32,3	0,11	0,28	36,8	892	97	989	460	510	30	1,82
120	540	60,7	32,8	0,10	0,27	37,8	916	99	1015	460	510	25	1,77

Abgang					Hauptbestand und periodischer Abgang				Massenzuwachs								Alter
Masse			Summe der Vorerträge		Gesamtmasse		Per. Abgang in % der Gesamtmasse		durchschnittl. jährlicher				laufendjährlicher				
									des Hauptbestandes		der Gesamtmasse		der Gesamtmasse				
Derbholz	Reisholz	Derb- und Reisholz	Derbholz	Derb- und Reisholz	Derbholz	Derb- und Reisholz	Derbholz	Derb- und Reisholz	Derbholz	Derb- und Reisholz	Derbholz	Derb- und Reisholz	Derbholz		Derb- und Reisholz		
fm	fm	fm	fm	fm	fm	fm	%	%	fm	fm	fm	fm	fm	%	fm	%	Jahre
								(Fortsetzung.)									
30	4	34	179	267	917	1094	19,5	24,4	11,3	12,7	14,1	16,8	15,0	1,6	15,8	1,4	65
29	3	32	208	299	990	1171	21,0	25,5	11,2	12,4	14,1	16,7	14,3	1,4	15,0	1,2	70
28	2	30	236	329	1060	1244	22,2	26,4	11,0	12,2	14,1	16,6	13,7	1,3	14,3	1,1	75
27	2	29	263	358	1127	1314	23,3	27,2	10,8	11,9	14,1	16,4	13,1	1,2	13,7	1,0	80
26	2	28	289	386	1191	1381	24,3	28,0	10,6	11,7	14,0	16,2	12,5	1,1	13,1	0,9	85
25	2	27	314	413	1252	1445	25,1	28,6	10,4	11,5	13,9	16,0	11,8	1,0	12,4	0,9	90
23	2	25	337	438	1309	1505	25,7	29,1	10,2	11,2	13,8	15,8	11,1	0,9	11,6	0,8	95
22	1	23	359	461	1363	1561	26,4	29,5	10,0	11,0	13,6	15,6	10,5	0,8	10,9	0,7	100
21	1	22	380	483	1414	1614	26,9	29,9	9,9	10,8	13,4	15,3	9,9	0,7	10,4	0,6	105
20	1	21	400	504	1462	1665	27,4	30,3	9,7	10,6	13,2	15,1	9,5	0,7	10,1	0,6	110
20	1	21	420	525	1509	1715	27,8	30,6	9,5	10,3	13,0	14,9	9,2	0,6	9,8	0,6	115
19	1	20	439	545	1554	1763	28,2	30,9	9,3	10,1	12,9	14,7	9,0	0,6	9,5	0,5	120
—	—	—	—	—	—	64	—	—	—	6,4	—	6,4	—	—	—	—	10
—	—	—	—	—	—	99	—	—	—	6,6	—	6,6	—	—	7,8	7,8	15
—	—	—	—	—	6	142	—	—	0,3	7,1	0,3	7,1	—	—	9,5	6,5	20
—	—	—	—	—	42	194	—	—	1,7	7,8	1,7	7,8	8,6	17,6	11,9	5,9	25
—	11	11	—	11	92	261	—	4,2	3,1	8,3	3,1	8,7	11,7	11,7	14,1	5,3	30
2	13	15	2	26	159	335	1,3	7,8	4,5	8,8	4,9	9,6	14,6	8,8	15,4	4,6	35
5	14	19	7	45	238	415	2,9	10,9	5,8	9,2	6,0	10,4	16,6	6,8	16,3	3,9	40
11	11	22	18	67	325	498	5,5	13,5	6,8	9,6	7,2	11,1	17,4	5,4	16,6	3,3	45
16	9	25	34	92	412	581	8,3	15,8	7,6	9,8	8,2	11,6	16,9	4,1	16,2	2,8	50
20	7	27	54	119	494	660	10,9	18,0	8,0	9,9	9,0	12,0	16,1	3,3	15,7	2,4	55
23	6	29	77	148	573	738	13,5	20,0	8,3	9,8	9,6	12,3	15,5	2,7	15,5	2,1	60
25	6	31	102	179	649	815	15,5	22,0	8,4	9,8	10,0	12,5	14,8	2,3	15,2	1,8	65
26	5	31	128	210	721	890	17,7	23,6	8,5	9,7	10,3	12,7	13,8	1,9	14,6	1,6	70
25	5	30	153	240	787	961	19,5	25,0	8,5	9,6	10,5	12,8	12,9	1,6	14,0	1,4	75
25	5	30	178	270	850	1030	20,9	26,2	8,4	9,5	10,6	12,9	12,4	1,4	13,5	1,3	80
25	4	29	203	299	911	1096	22,2	27,3	8,3	9,4	10,7	12,9	12,0	1,3	13,0	1,2	85
24	4	28	227	327	970	1160	23,4	28,2	8,2	9,3	10,8	12,9	11,5	1,2	12,5	1,1	90
23	4	27	250	354	1026	1221	24,4	29,0	8,2	9,1	10,9	12,8	11,0	1,1	11,9	1,0	95
22	3	25	272	379	1080	1279	25,2	29,7	8,1	9,0	10,8	12,8	10,5	1,0	11,2	0,9	100
21	2	23	293	402	1131	1333	25,9	30,2	8,0	8,9	10,7	12,7	9,8	0,9	10,5	0,8	105
19	2	21	312	423	1178	1384	26,5	30,6	7,9	8,7	10,7	12,6	9,1	0,8	9,8	0,7	110
18	1	19	330	442	1222	1431	27,0	30,9	7,8	8,6	10,6	12,4	8,5	0,7	9,1	0,6	115
17	1	18	347	460	1263	1475	27,5	31,1	7,6	8,4	10,5	12,3	8,0	0,6	8,5	0,5	120

Alter	Hauptbestand												Periodischer	
	Stammzahl	Stammgrundfläche	Mittelhöhe	Jährlicher Zuwachs der Mittelhöhe		Mittlerer Durchmesser	Masse			Formzahl		Stammzahl	Stammgrundfläche
				laufender	durchschnittlicher		Derbholz	Reisholz	Derb- und Reisholz	Derbholz	Baum		
Jahre		qm	m	m		cm	fm						qm
												III. Bonität.	
10	—	—	1,4	0,18	0,14	—	—	40	40	—	—	—	—
15	—	8,5	2,4	0,21	0,16	—	—	66	66	—	3,230	—	—
20	—	12,6	3,5	0,23	0,18	—	—	94	94	—	2,131	—	—
25	—	17,2	4,7	0,25	0,19	—	—	126	126	—	1,558	—	—
30	9330	21,7	6,0	0,27	0,20	5,5	29	135	164	223	1,200	—	—
35	7490	25,8	7,4	0,29	0,21	6,5	67	139	206	351	1,051	1840	1,84
40	6030	29,2	8,9	0,32	0,22	7,7	114	136	250	439	0,962	1460	2,03
45	4870	32,2	10,6	0,36	0,24	9,1	168	127	295	492	864	1160	2,23
50	3950	35,0	12,5	0,37	0,25	10,6	226	114	340	516	777	920	2,44
55	3220	37,7	14,3	0,35	0,26	12,2	282	103	385	523	714	730	2,66
60	2640	40,0	16,0	0,33	0,27	13,9	335	94	429	523	670	580	2,88
65	2175	41,9	17,6	0,31	0,27	15,7	384	88	472	521	640	465	3,08
70	1810	43,5	19,1	0,29	0,27	17,5	427	85	512	514	617	365	3,24
75	1525	44,9	20,5	0,27	0,27	19,4	466	84	550	506	598	285	3,34
80	1300	46,1	21,8	0,25	0,27	21,3	502	84	586	499	583	225	3,32
85	1125	47,2	23,0	0,23	0,27	23,1	536	85	621	494	572	175	3,24
90	990	48,2	24,1	0,21	0,27	24,9	569	86	655	490	564	135	3,08
95	885	49,1	25,1	0,19	0,26	26,6	601	87	688	488	558	105	2,84
100	805	49,9	26,0	0,17	0,26	28,1	632	88	720	487	555	80	2,56
105	745	50,6	26,8	0,15	0,25	29,4	661	89	750	487	554	60	2,26
110	700	51,2	27,5	0,13	0,25	30,5	689	90	779	489	553	45	1,98
115	665	51,9	28,1	0,11	0,24	31,5	715	91	806	490	553	35	1,74
120	635	52,5	28,6	0,10	0,24	32,5	739	93	832	491	552	30	1,60
												IV. Bonität.	
10	—	—	0,9	0,10	0,09	—	—	20	20	—	—	—	—
15	—	—	1,5	0,13	0,10	—	—	36	36	—	4,444	—	—
20	—	8,4	2,2	0,15	0,11	—	—	54	54	—	2,922	—	—
25	—	11,8	3,0	0,17	0,12	—	—	75	75	—	2,110	—	—
30	—	15,5	3,9	0,20	0,13	—	8	90	98	132	1,638	—	—
35	10140	19,3	5,0	0,23	0,14	4,9	26	100	126	270	1,306	—	—
40	7910	22,9	6,2	0,25	0,15	6,1	48	108	156	338	1,099	2230	1,52
45	6210	26,0	7,5	0,27	0,17	7,3	75	113	188	384	0,964	1700	1,78
50	4920	28,4	8,9	0,29	0,18	8,6	110	111	221	435	874	1290	2,00
55	3940	30,4	10,4	0,31	0,19	9,9	152	103	255	488	807	980	2,18
60	3190	32,2	12,0	0,33	0,20	11,3	195	95	290	505	752	750	2,32

Abgang					Hauptbestand und periodischer Abgang				Massenzuwachs								Alter
Masse			Summe der Vorerträge		Gesamtmasse		Per. Abgang in % der Gesamtmasse		durchschnittl. jährlicher				laufendjährlicher				
									des Hauptbestandes		der Gesamtmasse		der Gesamtmasse				
Derbholz	Reisholz	Derb- und Reisholz	Derbholz	Derb- und Reisholz	Derbholz	Derb- und Reisholz	Derbholz	Derb- und Reisholz	Derbholz	Derb- und Reisholz	Derbholz	Derb- und Reisholz	Derbholz fm	Derbholz %	Derb- und Reisholz fm	Derb- und Reisholz %	Jahre
fm	fm	fm	fm	fm	fm	fm	%	%	fm	fm	fm	fm	fm	%	fm	%	Jahre
—	—	—	—	—	—	40	—	—	—	4,0	—	4,0	—	—	—	—	10
—	—	—	—	—	—	66	—	—	—	4,4	—	4,4	—	—	5,4	9,3	15
—	—	—	—	—	—	94	—	—	—	4,7	—	4,7	—	—	6,0	6,3	20
—	—	—	—	—	—	126	—	—	—	5,0	—	5,0	—	—	7,0	5,4	25
—	—	—	—	—	29	164	—	—	1,0	5,5	1,0	5,5	—	—	9,0	5,2	30
—	10	10	—	10	67	216	—	4,6	1,9	5,9	1,9	6,1	8,7	12,0	10,8	5,0	35
2	10	12	2	22	116	272	1,7	8,1	2,8	6,3	2,9	6,8	10,7	8,9	11,5	4,2	40
4	10	14	6	36	174	331	3,4	10,9	3,7	6,6	3,9	7,3	12,3	6,7	12,0	3,6	45
7	9	16	13	52	239	392	5,4	13,3	4,5	6,8	4,8	7,8	13,2	5,5	12,5	3,2	50
11	8	19	24	71	306	456	7,8	15,6	5,1	7,0	5,5	8,3	13,3	4,4	12,9	2,8	55
14	7	21	38	92	373	521	10,2	17,8	5,6	7,1	6,2	8,7	13,4	3,6	13,1	2,5	60
17	6	23	55	115	439	587	12,5	19,6	5,9	7,2	6,7	9,0	12,8	3,0	13,1	2,2	65
19	6	25	74	140	501	652	14,7	21,5	6,1	7,3	7,2	9,3	12,2	2,4	12,9	2,0	70
21	5	26	95	166	561	716	16,9	23,2	6,2	7,3	7,5	9,5	11,8	2,1	12,7	1,8	75
22	5	27	117	193	619	779	18,9	24,8	6,3	7,3	7,7	9,7	11,5	1,9	12,5	1,6	80
23	4	27	140	220	676	841	20,7	26,2	6,3	7,4	7,9	9,9	11,2	1,6	12,2	1,4	85
22	4	26	162	246	731	901	22,2	27,3	6,3	7,3	8,1	10,0	10,8	1,5	11,7	1,3	90
21	3	24	183	270	784	958	23,3	28,2	6,3	7,2	8,3	10,0	10,4	1,3	11,2	1,1	95
20	3	23	203	293	835	1013	24,3	28,9	6,3	7,2	8,4	10,1	9,8	1,2	10,6	1,0	100
18	3	21	221	314	882	1064	25,0	29,5	6,3	7,1	8,4	10,1	9,2	1,0	9,9	0,9	105
17	2	19	238	333	927	1112	25,6	30,0	6,3	7,1	8,4	10,1	8,6	0,9	9,2	0,8	110
15	2	17	253	350	968	1156	26,0	30,3	6,2	7,0	8,4	10,0	7,9	0,8	8,5	0,7	115
14	1	15	267	365	1006	1197	26,5	30,5	6,2	6,9	8,4	10,0	7,3	0,7	8,0	0,6	120

Derbholz	Reisholz	Derb- und Reisholz	Derbholz	Derb- und Reisholz	Derbholz	Derb- und Reisholz	Derbholz	Derb- und Reisholz	Derbholz	Derb- und Reisholz	Derbholz	Derb- und Reisholz	Derbholz fm	Derbholz %	Derb- und Reisholz fm	Derb- und Reisholz %	Jahre
—	—	—	—	—	—	20	—	—	—	2,0	—	2,0	—	—	—	—	10
—	—	—	—	—	—	36	—	—	—	2,4	—	2,4	—	—	3,4	9,2	15
—	—	—	—	—	—	54	—	—	—	2,7	—	2,7	—	—	3,9	7,0	20
—	—	—	—	—	—	75	—	—	—	3,0	—	3,0	—	—	4,5	5,9	25
—	—	—	—	—	8	98	—	—	0,3	3,3	0,3	3,3	—	—	5,1	5,1	30
—	—	—	—	—	26	126	—	—	0,7	3,6	0,7	3,6	4,0	14,3	6,4	4,9	35
—	7	7	—	7	48	163	—	4,3	1,2	3,9	1,2	4,1	4,9	9,7	7,7	4,7	40
—	8	8	—	15	75	203	—	7,4	1,7	4,2	1,7	4,5	6,4	8,0	8,3	4,1	45
2	8	10	2	25	112	246	1,8	10,2	2,2	4,4	2,2	4,9	8,3	7,1	8,8	3,6	50
4	7	11	6	36	158	291	3,8	12,3	2,7	4,6	2,8	5,3	9,5	5,9	9.2	3,1	55
6	6	12	12	48	207	338	5,8	14,2	3,2	4,8	3,4	5,6	9,8	4,7	9,6	2,8	60

Süddeutschland.

Alter		Hauptbestand										Periodischer	
	Stammzahl	Stammgrundfläche	Mittelhöhe	Jährlicher Zuwachs der Mittelhöhe		Mittlerer Durchmesser	Masse			Formzahl		Stammzahl	Stammgrundfläche
				laufender	durchschnittlicher		Derbholz	Reisholz	Derb- und Reisholz	Derbholz	Baum		
Jahre		qm	m	m		cm	fm						qm
												IV. Bonität.	
65	2610	33,8	13,7	0,33	0,21	12,8	236	89	325	509	702	580	2,43
70	2160	35,3	15,3	0,30	0,22	14,4	275	85	360	509	666	450	2,51
75	1810	36,7	16,7	0,26	0,22	16,0	312	82	394	509	643	350	2,56
80	1535	38,0	17,9	0,22	**0,22**	17,7	347	80	427	510	628	275	2,58
85	1320	39,2	18,9	0,19	0,22	19,4	380	79	459	511	620	215	2,56
90	1155	40,3	19,8	0,17	0,22	21,1	411	79	490	515	614	165	2,50
95	1030	41,3	20,6	0,16	0,21	22,6	440	80	520	517	611	125	2,34
100	935	42,1	21,4	0,15	0,21	23,9	468	82	550	519	611	95	2,10
105	865	42,8	22,1	0,14	0,21	25,0	494	84	578	522	611	70	1,78
110	820	43,4	22,8	0,13	0,21	26,0	519	86	605	526	611	45	1,40
												V. Bonität.	
10	—	—	0,4	0,05	0,04	—	—	6	6	—	—	—	—
15	—	—	0,8	0,09	0,05	—	—	12	12	—	4,167	—	—
20	—	—	1,3	0,11	0,07	—	—	20	20	—	2,747	—	—
25	—	8,1	1,9	0,13	0,08	—	—	31	31	—	2,014	—	—
30	—	11,0	2,6	0,15	0,09	—	—	47	47	—	1,644	—	—
35	—	13,9	3,4	0,17	0,10	—	—	67	67	—	1,418	—	—
40	11000	16,8	4,3	0,19	0,11	4,5	13	76	89	180	1,232	—	—
45	8630	19,8	5,3	0,20	0,12	5,4	30	82	112	286	1,067	2370	1,05
50	6870	22,3	6,3	0,21	0,13	6,4	50	86	136	356	0,968	1760	1,22
55	5535	24,4	7,4	0,22	0,13	7,5	73	88	161	404	892	1335	1,38
60	4495	26,2	8,5	0,23	0,14	8,7	101	86	187	453	840	1040	1,53
65	3670	27,9	9,7	**0,25**	0,15	9,9	133	81	214	491	791	825	1,67
70	3010	29,5	11,0	0,25	0,16	11,2	165	77	242	508	746	660	1,79
75	2485	30,9	12,2	0,22	0,16	12,6	195	75	270	517	716	525	1,88
80	2070	32,1	13,2	0,19	0,17	14,1	224	74	298	529	705	415	1,94
85	1755	33,2	14,1	0,17	**0,17**	15,6	251	74	325	536	694	315	1,96
90	1515	34,2	14,9	0,15	0,17	17,0	276	75	351	542	689	240	1,93
95	1335	35,1	15,6	0,13	0,16	18,3	299	77	376	546	689	180	1,85
100	1200	35,8	16,2	0,12	0,16	19,5	321	79	400	553	689	135	1,74

(Fortsetzung.)

Abgang — Masse — Derbholz	Abgang — Masse — Reisholz	Abgang — Masse — Derb- und Reisholz	Abgang — Summe der Vorerträge — Derbholz	Abgang — Summe der Vorerträge — Derb- und Reisholz	Hauptbestand — Gesamtmasse — Derbholz	Hauptbestand — Gesamtmasse — Derb- und Reisholz	Per. Abgang in % der Gesamtmasse — Derbholz	Per. Abgang in % der Gesamtmasse — Derb- und Reisholz	Massenzuwachs durchschnittl. jährlicher des Hauptbestandes — Derbholz	des Hauptbestandes — Derb- und Reisholz	der Gesamtmasse — Derbholz	der Gesamtmasse — Derb- und Reisholz	laufendjährlicher der Gesamtmasse Derbholz — fm	Derbholz — %	Derb- und Reisholz — fm	Derb- und Reisholz — %	Alter — Jahre
8	6	14	20	62	256	387	7,8	16,0	3,6	5,0	4,0	5,9	9,8	3,8	9,9	2,5	65
10	5	15	30	77	305	437	9,8	17,6	3,9	5,1	4,4	6,2	9,8	3,2	10,1	2,3	70
12	5	17	42	94	354	488	11,8	19,2	4,2	5,2	4,7	6,5	9,8	2,8	10,3	2,1	75
14	5	19	56	113	403	540	13,9	20,9	4,3	5,3	5,0	6,8	9,8	2,4	10,5	1,9	80
16	4	20	72	133	452	592	15,9	22,5	4,5	5,4	5,3	7,0	9,8	2,1	10,5	1,7	85
18	4	22	90	155	500	645	18,0	24,0	4,6	5,4	5,6	7,2	9,5	1,9	10,3	1,6	90
17	3	20	107	175	547	695	19,7	25,2	4,6	5,5	5,8	7,3	9,1	1,7	9,8	1,4	95
16	2	18	123	193	591	743	20,8	26,0	4,7	5,5	5,9	7,4	8,4	1,4	9,2	1,2	100
14	2	16	137	209	631	787	21,7	26,5	4,7	5,5	6,0	7,5	7,6	1,2	8,4	1,1	105
11	2	13	148	222	667	827	22,2	26,8	4,7	5,5	6,1	7,5	6,6	1,1	7,4	1,0	110
—	—	—	—	—	—	6	—	—	—	0,6	—	0,6	—	—	—	—	10
—	—	—	—	—	—	12	—	—	—	0,8	—	0,8	—	—	1,4	11,0	15
—	—	—	—	—	—	20	—	—	—	1,0	—	1,0	—	—	1,9	8,8	20
—	—	—	—	—	—	31	—	—	—	1,3	—	1,3	—	—	2,7	8,0	25
—	—	—	—	—	—	47	—	—	—	1,6	—	1,6	—	—	3,6	7,3	30
—	—	—	—	—	—	67	—	—	—	1,9	—	1,9	—	—	4,2	6,2	35
—	—	—	—	—	13	89	—	—	0,3	2,2	0,3	2,2	—	—	4,9	5,4	40
—	4	4	—	4	30	116	—	3,4	0,7	2,5	0,7	2,6	3,7	11,7	5,6	4,7	45
—	5	5	—	9	50	145	—	6,2	1,0	2,7	1,0	2,9	4,3	8,3	6,0	4,1	50
—	6	6	—	15	73	176	—	8,5	1,3	2,9	1,3	3,2	5,1	6,7	6,5	3,6	55
—	8	8	—	23	101	210	—	11,0	1,7	3,1	1,7	3,5	6,1	5,9	7,0	3,3	60
1	8	9	1	32	134	246	0,8	13,0	2,0	3,3	2,0	3,8	6,9	5,1	7,4	3,0	65
4	6	10	5	42	170	284	2,9	14,8	2,3	3,5	2,4	4,1	7,2	4,2	7,7	2,7	70
6	5	11	11	53	206	323	5,3	16,4	2,6	3,6	2,7	4,3	7,3	3,5	7,9	2,4	75
8	4	12	19	65	243	363	7,8	17,9	2,8	3,7	3,0	4,5	7,4	3,1	8,0	2,2	80
10	3	13	29	78	280	403	10,4	19,4	3,0	3,8	3,3	4,7	7,2	2,6	7,9	2,0	85
10	3	13	39	91	315	442	12,4	20,5	3,1	3,9	3,5	4,9	6,9	2,2	7,7	1,8	90
11	2	13	50	104	349	480	14,3	21,7	3,2	4,0	3,7	5,1	6,6	1,8	7,4	1,5	95
10	2	12	60	116	381	516	15,7	22,5	3,2	4,0	3,8	5,2	6,3	1,4	7,1	1,3	100

In Mitteldeutschland tritt die Kulmination des laufend jährlichen Zuwachses der Gesamtmasse (Hauptbestand und Vornutzung) durchgehends etwas früher ein als in Süddeutschland, am bedeutendsten ist der Unterschied in der IV. und V. Bonität. — Die Kulmination erfolgt:

für Bonität:	I	II	III	IV	V
in Mitteldeutschland im Alter:	35	40	55	60	65
in Süddeutschland im Alter:	40	45	60	80	80

Der Durchschnittszuwachs kulminiert:

a) für den Hauptbestand (Derb- und Reisholz)

für Bonität:	I	II	III	IV	V
in Mitteldeutschland im Alter:	50	55	70	80	90
in Süddeutschland im Alter:	50	55	85	95	100

b) für die Gesamtmasse (Derb- und Reisholz)

für Bonität:	I	II	III	IV	V
in Mitteldeutschland im Alter:	70	75	85	90	95
in Süddeutschland im Alter:	60	85	105	110	über 100.

Sowohl der laufendjährliche als auch der durchschnittlich-jährliche Zuwachs erreichen bei den besseren Bonitäten das Maximum früher als bei den geringeren, woraus unter alleiniger Berücksichtigung des Massenzuwachses für die geringeren Bonitäten die Notwendigkeit eines höheren Umtriebes als für die besseren folgt.

Die Reisholzmassen erreichen sehr frühzeitig das Maximum, nehmen hierauf zuerst rasch, dann langsamer ab und steigen im höheren Alter infolge der stärkeren Ausbreitung der Kronen wieder etwas an, während dieses bei der Kiefer, wo ein Teil der Äste in das Derbholz übergeht, nicht der Fall ist.

Eine bereits mehrfach erörterte Frage ist das gegenseitige Verhalten des Wachstums zwischen Fichte und Tanne. Zur Untersuchung desselben sollen die Angaben meiner Ertragstafel für Süddeutschland mit der von Schuberg aufgestellten Ertragstafel für die Tanne verglichen werden.

Bei Gegenüberstellung der periodischen Wachstumsleistungen beider Holzarten ergiebt sich folgendes Bild:

(Siehe Tabelle S. 65.)

Die Fichte hat demnach bis zum 20jährigen (in der V. Bonität bis zum 30jährigen) Alter einen gröfseren Zuwachs als die Tanne, von hier ab bis zum 80jährigen (in der V. Bonität bis zum 90jähri-

Alters-stufe	Bonität I			Bonität II			Bonität III			Bonität IV			Bonität V		
	Fichte	Tanne	△	Fichte	Tanne	△	Fichte	Tanne	△	Fichte	Tanne	△	Fichte	Tanne	△
	Festmeter														
10—20	110	56,5	—53,5	78	41	—37	54	29	—25	34	19	—15	14	11	—3
30—40	172	211	39	120	171	51	86	122,5	36,5	57	78	21	42	11	4
50—60	111	117	6	101	110	9	89	99,5	10,5	69	88	19	51	70,5	19
70—80	84	86	2	80	81	1	74	73,5	—0,5	67	69	2	56	62,5	6
90—100	68	67,5	—0,5	67	62	—5	65	57	—8	60	53	—7	49	47,5	—1,5
110—120	57	54	—3	54	49	—5	53	44	—9	—	—	—	—	—	—

gen) Alter übertrifft die Wachstumsleistung der Tanne jene der Fichte, im 80. (bei V. Bonität im 90.) Jahre haben beide Holzarten den gleichen laufendjährlichen Zuwachs, im höheren Alter hält sich der Zuwachs der Fichte dauernd ansteigend über jenem der Tanne, jedoch sind diese Unterschiede nicht erheblich. Die Kulmination des laufendjährlichen Zuwachses tritt in der I. und II. Bon. bei beiden Holzarten gleichzeitig ein, in den übrigen Bonitäten bei der Fichte um 10 Jahre später. Während dieser Periode ist der Unterschied in der Wachstumsleistung beider Holzarten am bedeutendsten, und zwar beträgt derselbe, in der Reihe der Bonitäten folgend: 23, 42, 41, 42 und 37 % des Zuwachses der Fichte.

2. Höhen. Wie Tafel II ersehen läfst, tritt bezüglich des Höhenwachstums eine Verschiedenheit beider Gruppen darin hervor, dafs dasselbe im allgemeinen in Süddeutschland energischer und andauernder ist, als in Mitteldeutschland.

Die Höhenkurven der I. und II. Bonität liegen für Süddeutschland vollständig, für die III. und IV. Bonität von 70 jährigem und für die V. Bonität vom 80 jährigem Alter ab über jener für Mitteldeutschland. Während der jüngeren Altersstufen ist in der III. und IV. Bonität der Höhenwachstumsgang für beide Gebiete annähernd gleich, in der V. Bonität dagegen in Süddeutschland langsamer als in Mitteldeutschland. Die Extreme liegen dort weiter auseinander als hier[1]).

Die Gegenüberstellung der Höhen in verschiedenen Lebensaltern zeigt folgendes Verhältnis:

---

[1]) Die Angaben beziehen sich hier ebenso, wie beim Grundlagenmaterial auf das arithmetische Mittel aus den Höhen der Probestämme.

Alter	I. Bon.		II. Bon.		III. Bon.		IV. Bon.		V. Bon.	
	M	S	M	S	M	S	M	S	M	S
Jahre	Meter									
40	15,7	16,8	12,3	12,9	9,2	8,9	6,4	6,2	4,6	4,3
60	23,3	25,2	19,5	20,7	15,9	16,0	12,2	12,0	9,0	8,5
80	28,3	30,5	24,5	26,1	20,7	21,8	16,8	17,9	13,2	13,2
100	31,8	34,5	28,0	30,2	23,9	26,0	19,8	21,4	15,5	16,2
120	34,1	37,1	30,4	32,8	25,8	28,6	20,7	22,8	—	—

(110 f. IV. Bon.)

Die Kulmination des laufendjährlichen Höhenzuwachses erfolgt für:

Bonität:	I.	II.	III.	IV.	V.
in Mitteldeutschland im Alter:	30	35	45	50	60
in Süddeutschland im Alter:	35	40	50	60	65

Der laufendjährliche Höhenzuwachs erreicht demnach bei der Fichte erheblich später sein Maximum als bei der Kiefer, und zwar tritt dieses in Süddeutschland etwas später ein als in Mitteldeutschland.

Professor W e b e r hat in einem Vortrag, welchen er im Münchener botanischen Verein am 9. Dezember 1889 hielt, auf Grund der bei den Ertragsuntersuchungen ermittelten Höhenkurven, eine neue Theorie des Höhenwachstums entwickelt und ist dabei zu dem Schlufs gekommen, dafs die Höhenkurven als Reciprokenreihen aufzufassen seien. Rechnerisch könne man die Höhe in einem beliebigen Alter $a = H_a$ durch Multiplikation des experimentell gefundenen Grenzwertes $H_{max.}$ mit der Differenz $1 - \dfrac{1}{1{,}op^a}$ wobei p für verschiedene Standortsverhältnisse andere Werte annimmt, während es sich in derselben Bonität durch alle Altersstufen gleich bleibt[1]).

Brieflich hat mir Weber noch mitgeteilt, dafs nach den vorliegenden Ermittlungen sämtlicher Tafeln für alle Holzarten p in der I. Bonität zwischen 2,0 und 2,5%, in der II. zwischen 1,5 und 2,0%, in der III. nahezu auf 1% und in der V. etwa auf 0,5% fällt.

Setzt man für die Fichte $H_{max.} = 40$ m und p für die Bonität: I = 2,3%, II = 1,65%, III = 1,3%, IV = 0,9%, V = 0,6%,

---

[1]) Botanisches Centralblatt 1890 S. 10 ff.

so entstehen Höhenkurven, welche mit den experimentell gefundenen leidlich gut übereinstimmen, wenigstens in den mittleren und höheren Altersstufen.

Man würde jedoch trotzdem zu keinen ganz richtigen Resultaten kommen, wenn die Höhenkurven lediglich auf jenem rechnerischen Wege abgeleitet werden sollten, da das Höhenwachstum durch obigen Ausdruck nicht genau genug dargestellt wird. Dieses ist schon deshalb der Fall, weil die Formel auf der Voraussetzung beruht, daſs der Höhenzuwachs nach dem von Weber für die Fichte zu 10 Jahren angenommenen sogenannten Jugendstadium in jedem Jahr um $\frac{0,\mathrm{op}}{1,\mathrm{op}}$ des Vorjahres abnimmt. Die Webersche Höhenkurve ergiebt daher bereits vom 11. Jahre an ein Fallen des laufendjährigen Höhenzuwachses, während durch die Untersuchungen im Wald ein viel länger fortdauerndes Steigen festgestellt worden ist.

3. **Kreisfläche** (vergl. Tafel III). Da die beiden Gruppen von Wachstumsgebieten bei annähernd gleicher Massenentwicklung nicht unbeträchtliche Differenzen in den Höhen aufweisen, so sollte man voraussetzen, daſs diese Abweichung durch den Verlauf der Kreisflächenkurven wieder ausgeglichen würde; dieses ist jedoch keineswegs der Fall, sondern dieselben zeigen einen durchweg eigenartigen Gang.

Im Stangenholzalter hat Süddeutschland weniger Stammgrundfläche als Mitteldeutschland; mit zunehmendem Alter nähern sich die Kurven, und schlieſslich übertrifft die Kreisfläche von Süddeutschland jene von Mitteldeutschland, und zwar um so früher, je besser der Standort ist. In der I. Bonität schneiden sich die Kurven im 60jährigen, in der II. Bonität im 85jährigen Alter, für die übrigen Bonitäten fällt der Schnittpunkt nicht mehr in den Bereich der Tafeln und gewöhnlichen Umtriebszeiten.

In Zahlen ausgedrückt stellt sich dieses Verhalten folgendermaſsen dar:

(Siehe Tabelle S. 68.)

4. **Formzahlen.** Wie bereits früher bemerkt, bestehen besonders bemerkenswerte Differenzen zwischen den massenbildenden Faktoren beider Gruppen bezüglich der Formzahlen, und zwar kommen hierbei namentlich die stets am regelmäſsigsten verlaufenden Baumformzahlen in Betracht.

Wie Tafel IV ersehen läſst, verlaufen dieselben in der Jugend

5*

Alter	I. Bon.		II. Bon.		III. Bon.		IV. Bon.		V. Bon.	
	M	S	M	S	M	S	M	S	M	S
Jahre	Kreisfläche in Quadratmetern									
40	47,6	45,8	40,0	37,8	32,5	29,2	26,6	22,9	20,0	16,8
60	56,0	56,4	48,7	47,3	41,4	40,0	34,5	32,2	28,2	26,2
80	60,4	62,3	53,8	53,6	46,3	46,1	39,3	38,0	33,0	32,1
100	64,0	66,5	57,2	57,8	50,4	49,9	43,1	42,1	36,4	35,8
120	66,8	69,7	59,8	60,7	53,2	52,5	44,4	43,4	—	—
(110 f. IV. Bon.)										

fast ganz gleichmäfsig, zeigen aber dann von den mittleren Lebensaltern an, in den besseren Bonitäten früher, in den geringeren später, einen ganz verschiedenen Entwicklungsgang, indem die Baumformzahlen in Süddeutschland viel rascher fallen als in Mitteldeutschland; von 100jährigem Alter ab nähern sie sich wieder, da jetzt umgekehrt hier die Abnahme rascher vor sich geht, als dort.

Durch die Gegenüberstellung der Baumformzahlen werden diese Ausführungen am besten bestätigt:

Alter	I. Bon.		II. Bon.		III. Bon.		IV. Bon.		V. Bon.	
Jahre	M	S	M	S	M	S	M	S	M	S
40	688	672	778	759	913	962	1104	1099	1283	1232
60	596	542	637	603	691	670	765	752	855	840
80	561	503	585	543	630	583	683	628	739	705
100	540	479	562	516	598	555	644	611	710	689
120	533	471	553	510	591	552	640	611	—	—
(110 f. IV. Bon.)										

Der Verlauf der Derbholzformzahlen ist folgender:

Alter	I. Bon.		II. Bon.		III. Bon.		IV. Bon.		V. Bon.	
Jahre	M	S	M	S	M	S	M	S	M	S
40	519	533	541	474	495	439	352	338	261	180
60	511	486	530	507	539	523	549	505	516	453
80	500	454	510	483	534	499	557	510	567	529
100	490	438	500	463	522	487	545	519	574	553
120	487	431	497	460	520	491	545	526	—	—
(110 f. IV. Bon.)										

Diese Zahlen zeigen, dafs die Bestandes-Derbholzformzahlen in beiden Gruppen von Wachstumsgebieten ebenfalls einen verschiedenen Verlauf haben, derselbe ist jedoch so verwickelt, dafs man ihn nicht durch ein einfaches Gesetz darstellen kann; im allgemeinen läfst sich nur sagen, dafs auch die Derbholzformzahlen in Mitteldeutschland höher sind, als in Süddeutschland.

5. **Stammzahlen.** Abgesehen von der I. Bonität, bei welcher ein erheblicher Unterschied in dieser Beziehung zwischen Mittel- und Süddeutschland nicht besteht, sind die Bestände hier im Durchschnitt während der jüngeren und mittleren Lebensalter stammreicher als dort; zwischen dem 70. und 90. Jahr nähern sich die Stammzahlen, und in den höheren Lebensaltern sind dann die süddeutschen Bestände stammärmer. Am auffallendsten ist die Differenz in der IV. und V. Bonität; es darf jedoch nicht übersehen werden, dafs gerade hier infolge der sehr grofsen Unterschiede in den Stammzahlen der aufgenommenen Bestände die Anzahl der Aufnahmen für eine unbedingt sichere Ermittlung der Mittelwerte nicht ausreicht. Andererseits mufs aber auch hervorgehoben werden, dafs bei dem grofsen Mafsstab, welcher bei Konstruktion der Stammzahlkurven benutzt wurde, erhebliche Fehler, wenigstens in den mittleren und höheren Lebensaltern als ausgeschlossen erscheinen.

Ob dieses verschiedene Verhalten durch die wirtschaftliche Behandlungsweise oder durch die Standortsverhältnisse bedingt wird, läfst sich zur Zeit mit Sicherheit nicht entscheiden. Im allgemeinen ist wohl der Durchforstungsbetrieb in Sachsen und Preufsen namentlich im Stangenholzalter bereits früher und intensiver geübt worden, als in Württemberg und Bayern; dazu kommt noch, dafs hier mehr Bestände aus Naturverjüngung und teilweise sehr dichter Saat hervorgegangen sind, als dort, wo schon seit längerer Zeit die künstliche Verjüngung der Fichtenbestände und zwar auch durch Pflanzung, allerdings vorwiegend Büschelpflanzung, üblich war. Dieses Verhältnis tritt auch bei den Probeflächen hervor; von den 225 mitteldeutschen Flächen wurden nur 46 = 16% und zwar meist bayrische Bestände, in Süddeutschland dagegen von 247 Flächen 157 = 64% auf natürlichem Wege begründet.

Die stärkere Auslichtung im höheren Alter mag bei den süddeutschen Beständen vielleicht teilweise auf die günstigeren Wachstumsbedingungen zurückzuführen sein.

6. Bezüglich der **Zwischennutzungen** ist folgendes hervorzuheben:

Da die Berechnung des periodischen Abganges von den Stammzahlen ausgegangen ist, so macht sich der eben erörterte Unterschied zwischen beiden Wachstumsgruppen auch hier in der Richtung geltend, dafs in den höheren Altersklassen der beiden geringsten Bonitäten für Süddeutschland sowohl die Stammzahlen als auch die Kreisfläche und Masse des periodischen Abganges bedeutender sind, als die entsprechenden Gröfsen Mitteldeutschlands. Die Beträge, um welche es sich jedoch hier handelt (V. Bonität im 100jährigen Alter 12 fm in Süddeutschland und 6 fm in Mitteldeutschland) sind so unbedeutend sowohl gegenüber der Gesamtmasse des periodischen Abganges als auch im Verhältnis zur Hauptbestandsmasse, dafs die etwa vorhandenen Ungenauigkeiten einen irgend nennenswerten Einflufs auf das Gesamtbild des Wachstumes nicht üben.

Die Zwischennutzungserträge sind am gröfsten für:

Bonität: I.   II.   III.   IV.   V.

in Mitteldeutschland im Alter: 55–65 60–70 60–70 60–70 60–70
in Süddeutschland im Alter: 55–60 65–70 80–85 85–95 85–95

Das Maximum tritt demnach in den besseren Bonitäten früher ein als in den geringeren und in Mitteldeutschland früher als in Süddeutschland; hier liegt auch der Zeitpunkt der Kulmination für die einzelnen Bonitäten weiter auseinander als dort.

Die Gesamtmasse an Durchforstungsmaterial beträgt:

bis zum Alter:	120	120	120	110	100	
für Bonität:	I.	II.	III.	IV.	V.	
in Süddeutschland:	545	460	365	222	116	fm.
in Mitteldeutschland:	532	412	312	188	105	„

Die korrespondierenden Zahlen, welche Oberforstmeister Danckelmann[1]) gefunden hat, sind für:

Bonität:	I.	II.	III.	IV.	
	472	381	291	168	fm.

Unter Berücksichtigung des Umstandes, dafs Danckelmann die Hauptertragsmassen nach den Loreyschen Angaben mitteilt, welche niedriger sind, als die in meiner Tafel für Süddeutschland enthaltenen, besteht zwischen beiden Reihen eine sehr gute Übereinstimmung trotz der völlig verschiedenen Methode der Herleitung.

Die Kulmination des Durchforstungsertrages liegt nach Dan-

---

[1]) Danckelmann, Vorertragstafeln, Sortimentstafeln und Gesamtertragstafeln für Kiefern-, Fichten- und Buchenhochwald. Zeitschr. f. Forst- und Jagdwesen, 1887 p. 73 ff.

ckelmann durchgehends zwischen dem 70. und 80. Jahr, was dem Mittel meiner Angaben entspricht und dadurch veranlafst wurde, dafs Danckelmann die Angaben aus Württemberg, Sachsen, Braunschweig und Preufsen zusammengefafst hat.

Untersucht man den Anteil, welchen die Zwischennutzungen an der Gesamtproduktion haben, so ergeben sich folgende Prozentsätze:

Bonität	I		II		III		IV		V	
Masse	D	D+R	D	D+R	D	D+R	D	D+R	D	D+R[1]
Mitteldeutschland	28,0	30,5	25,1	29,1	23,0	27,8	18,4	24,2	13,1	20,8
Süddeutschland	28,2	30,9	27,5	31,1	26,5	30,5	22,2	26,8	15,7	22,5

Bei der Fichte ist demnach dieser Anteil kleiner als bei der Kiefer, wo er bis 39% steigt. In den besseren Bonitäten ist der Anteil grösser als in den geringeren.

7. Das Prozent des laufendjährlichen Zuwachses fällt anfangs sehr rasch, dann langsamer bis auf etwa 2 und nimmt von da an nur noch sehr allmählich ab.

Das Sinken unter 2% tritt in folgenden Altersstufen ein:

Bonität	I		II		III		IV		V	
Masse	D	D+R	D	D+R	D	D+R	D	D+R	D	D+R[1]
Mitteldeutschland	65	60	70	65	75	70	80	70	85	75
Süddeutschland	60	60	70	65	80	75	90	80	95	90

Das laufendjährliche Zuwachsprozent fällt also beim Derbholz langsamer als bei Derb- und Reisholz zusammen; in den besseren Bonitäten sinkt dasselbe rascher als in den geringeren und für diese in Süddeutschland langsamer als in Mitteldeutschland, während für die besseren Bonitäten hierin ein Unterschied zwischen beiden Wachstumsgruppen nicht zu beobachten ist.

In den Altern, mit welchen die Ertragstafeln abschliefsen (I., II., III. Bonität 120j., IV. Bonität 110j., V. Bonität 100j.), besitzt das Zuwachsprozent folgende Gröfsen:

Bonität	I		II		III		IV		V	
Masse	D	D+R	D	D+R	D	D+R	D	D+R	D	D+R[1]
Mitteldeutschland	0,6	0,5	0,6	0,5	0,7	0,6	0,8	0,7	1,0	0,9
Süddeutschland	0,6	0,5	0,6	0,5	0,7	0,6	1,0	1,0	1,4	1,3

---

[1] D = Derbholz, D + R = Derb- und Reisholz zusammen.

Im Haubarkeitsalter bewegt sich demnach das Prozent des laufendjährlichen Zuwachses für die mittleren und besseren Bonitäten innerhalb sehr enger Grenzen, und verhalten sich hier beide Wachstumsgruppen ganz gleichmäfsig, nur in den geringsten Bonitäten gehen dieselben etwas weiter auseinander.

Da bereits wiederholt (von Baur, Kunze und Lorey) Ertragstafeln für die Fichte veröffentlicht worden sind, welche sich auf Untersuchungen stützen, die von den forstlichen Versuchsanstalten vorgenommen worden sind, und deren Ergebnisse auch einen Teil des mir vorgelegenen Materials bilden, so ist hier noch in Kürze die Frage zu erörtern, wie sich meine Ertragstafeln zu den früheren Publikationen verhalten. Dieses dürfte am besten in der Weise geschehen, dafs meine Tafeln für Mitteldeutschland mit den von Kunze, und jene für Süddeutschland mit den von Lorey bearbeiteten verglichen werden. Auf die Baurschen Tafeln glaube ich nicht weiter eingehen zu sollen, weil Lorey, dem ja das gröfsere Material der zweiten Aufnahmen zu Gebote stand, das Verhalten seiner Tafeln zu den Baurschen bereits eingehend erörtert hat.

Am besten läfst sich dieser Vergleich auf graphischem Wege durch das Zeichnen der verschiedenen Kurven auf das gleiche Blatt bewerkstelligen; da es aber unzulässig war, die Zahl der Tafeln zu vergröfsern, so ist hier nur die tabellarische Zusammenstellung der einzelnen Angaben durchführbar.

Kunze sowohl als Lorey haben nur je vier Bonitäten ausgeschieden; beim Vergleich kommt daher weniger die absolute Gröfse der Zahlen als vielmehr der Gang der Differenzen in Betracht.

a. Die Ertragstafeln für Mitteldeutschland.

Da Kunze nur Beträge für Masse und Höhe angegeben hat, kann der Vergleich nur für Masse (M), laufendjährlichen Zuwachs (lZ) und Höhe (H) vorgenommen werden.

(Siehe Tabelle S. 73.)

Die Zahlen zeigen bezüglich der Masse und des laufendjährlichen Zuwachses, dafs bei Kunze der Bestandesvorrat in der I. und II. Bonität bis gegen das 80., in der III. und IV. Bonität bis zum 90. Jahr und der laufendjährliche Zuwachs (excl. Vornutzung) in der I. und II. Bonität bis zum 40jährigen, in der III. und IV. Bonität bis zum 60jährigen Alter höher ist als

Boni-tät	Autor	Alter 40			Alter 60			Alter 80			Alter 100			Alter 120		
		M	1 Z	H	M	1 Z	H	M	1 Z	H	M	1 Z	H	M	1 Z	H
		fm	fm	m	fm	fm	m	fm	fm	m	fm	fm	m	fm	fm	m
I {	K.	517	16,2	14,9	779	10,5	22,0	938	5,8	26,6	1032	4,6	30,8	1120	4,0	34,5
	S.	514	16,4	15,7	778	10,7	23,3	959	7,8	28,3	1100	6,4	31,8	1215	5,0	34,1
II {	K.	399	14,8	12,0	629	8,7	19,0	766	6,1	23,5	858	3,8	27,4	931	3,4	31,0
	S.	383	12,7	12,3	603	9,7	19,5	771	7,3	24,5	900	5,8	28,0	1006	4,8	30,4
III {	K.	288	11,7	9,2	499	8,3	16,0	634	5,5	20,2	708	3,0	23,7	764	2,4	26,7
	S.	273	9,1	9,2	452	8,4	15,9	604	6,6	20,7	720	5,1	23,9	811	4,0	25,8
IV {	K.	183	7,9	7,1	359	7,2	12,3	472	4,5	16,5	545	2,6	19,4	—	—	—
	S.	188	6,5	6,4	322	6,8	12,2	451	5,8	16,8	550	4,1	19,8	—	—	—

in meinen Tafeln. Von den genannten Altern ab kehren sich die Verhältnisse um. Die gröfsten Unterschiede bestehen während der ersten Periode in den beiden geringeren und während der zweiten in den beiden besseren Standortsklassen.

Die Ursache dieser Differenzen liegt meines Erachtens einerseits in dem ungenügenden Material, welches Kunze für die höheren Altersklassen bei Aufstellung seiner Tafeln im Jahre 1878 zu Gebote stand und anderseits in der Methode, da Kunze das Streifenverfahren benutzt hat, bei welchem der Verlauf der naturgemäfs immer am besten bestimmten Kurve für die I. Bonität einen zu beträchtlichen Einflufs auch auf jenen der übrigen Bonitäten ausübt.

Bei den Höhenkurven besteht das umgekehrte Verhältnis wie bei Massenkurven. Während ich hier in den jüngeren Lebensaltern einen geringeren und in den älteren einen stärkeren Zuwachs ermittelte als Kunze, ist das Höhenwachstum nach meinen Tafeln etwa bis zum 80 jährigen Alter höher, später aber geringer, als nach den sächsischen Tafeln. Die von Kunze entwickelten Höhenkurven nähern sich vom 70. Lebensjahre ab fast einer Geraden; so sinkt bei ihm z. B. der laufendjährliche Höhenzuwachs in der I. Bonität vom 75. bis zum 120. Lebensjahre nur von 0,22 auf 0,18 m, während nach meinen Tafeln die entsprechenden Zahlen 0,23 und 0,10 sind. Am bedeutendsten ist dieser Unterschied in der I. Bonität; die Kurven der II. Bonität nähern sich bereits mehr, und jene der beiden geringeren Bonitäten stimmen in ihrem Verlauf, mit Ausnahme der höchsten Lebensalter, fast vollständig überein.

b. Ertragstafel für Süddeutschland.

Hier ist es möglich, den Vergleich aufser auf Masse, laufendjährlichen Zuwachs und Höhe auch noch auf die Kreisflächensumme (G) auszudehnen.

Bonität	Autor	Alter 40				Alter 60				Alter 80				Alter 100				Alter 120			
		M	1Z	H	G	M	1Z	H	G	M	1Z	H	G	M	1Z	H	G	M	1Z	H	G
		fm	fm	m	qm	fm	fm	m	qm	fm	fm	m	qm	fm	fm	m	qm	fm	fm	m	qm
I {	L.	446	15,6	14,5	43,3	743	12,7	23,4	51,9	924	6,3	29,7	56,3	1029	4,3	34,3	59,4	1100	2,9	37,0	62,0
	S.	517	16,7	16,8	45,8	780	9,8	25,2	56,4	956	8,0	30,5	62,3	1100	6,4	34,5	66,5	1218	5,2	37,1	69,7
II {	L.	281	11,5	10,7	34,9	549	13,6	18,2	46,0	750	7,9	25,3	51,2	867	4,6	29,8	55,0	950	3,9	32,5	58,0
	S.	370	12,2	12,9	37,8	590	9,5	20,7	47,3	760	7,6	26,1	53,6	900	6,4	30,2	57,8	1015	5,0	32,8	60,7
III {	L.	193	9,4	7,8	29,9	394	9,4	14,7	39,5	559	7,0	20,7	45,1	674	5,0	24,2	49,4	760	3,9	26,1	53,0
	S.	250	8,9	8,9	29,2	429	8,7	16,0	40,0	586	7,1	21,8	46,1	720	6,2	26,0	49,9	832	4,8	28,6	52,5
IV {	L.	128	6,1	5,5	24,8	263	6,6	10,7	33,0	367	3,8	15,7	37,6	437	3,3	18,7	41,5	—	—	—	—
	S.	156	6,2	6,2	22,9	290	7,0	12,0	32,2	427	6,5	17,9	38,0	550	5,8	21,4	42,1	—	—	—	—

Die Loreyschen Angaben bezüglich der Massenentwicklung
unterscheiden sich von den meinigen namentlich durch den bedeutend höheren Zuwachs, welchen sie für die mittlere Lebens-
periode, etwa vom 40. bis zum 80. Jahr, in Ansatz bringen,
während nach meinen Tafeln das Wachstum sowohl in der Jugend
als auch im Haubarkeitsalter stärker ist, als Lorey annimmt. Die
zwischen den beiden Massenkurven im 40jährigen Alter bestehende
Differenz nimmt infolgedessen bis gegen das 70. Jahr hin ab und
wird alsdann wieder gröfser; namentlich in den höheren Lebensaltern verlaufen die Massenkurven bei Lorey erheblich flacher
als bei mir.

Vergleicht man die Loreyschen Kurven, welche aus den
zweimaligen Aufnahmen abgeleitet sind, mit dem Verlauf der
Kurvenstücke, welche nach den dreimaligen Aufnahmen in
Württemberg, sowie nach den badischen Untersuchungen ver-
zeichnet sind, so ergiebt sich, dafs beim Festhalten der von
Lorey für die Periode vom 40. bis zum 70. Jahr angenommenen
Zuwachsgröfse die Massenkurve in den höheren Lebensaltern
mit den Aufnahmeergebnissen in den älteren Beständen sich nicht
in Einklang bringen läfst. Eine Kombination der aus diesen
abgeleiteten Kurvenstücke mit jenen jüngerer Bestände kann nur
dadurch erreicht werden, dafs die Massenkurve in den mittleren

Lebensaltern etwas abgeflacht und für die spätere Periode dagegen etwas gehoben wird.

Besser als die Massenkurven stimmen die Höhenkurven überein, welche sowohl in den jüngeren als auch in den höheren Lebensaltern nahezu parallel laufen. Der bedeutendste Unterschied liegt auch hier in der Periode vom 50. bis 80. Lebensjahr, während welcher die Loreyschen Kurven, die in der Jugend tiefer liegen als die meinigen, wenigstens in der I. und II. Bonität rasch ansteigen und später mit diesen fast zusammenfallen; die Kurven der III. Bonität laufen stets fast vollständig parallel, während jene der IV. Bonität bei Lorey flacher verläuft.

Bezüglich der Kreisflächen besteht die gröfste Differenz in der I. Bonität, indem meine Kurve durchgehends und in den höheren Lebensaltern sogar sehr erheblich über den Loreyschen liegt. Der Unterschied in der Zunahme der Kreisfläche wird späterhin immer geringer; die Kurven der übrigen Bonitäten verlaufen namentlich etwa vom 70. Lebensjahr an annähernd parallel. Mit Ausnahme der I. Bonität steigen die Loreyschen Kurven vom 40. bis zum 70. Lebensjahr stärker an, als die von mir entworfenen, in den höheren Altersstufen flachen sie sich dagegen stärker ab als diese.

Das bedeutendste und für die Praxis wichtigste Ergebnis, welches durch die längere Beobachtung der ständigen Ertragsprobeflächen erzielt worden ist, dürfte dahin zu formulieren sein, dafs der Massenzuwachs in den höheren Altersstufen, etwa vom 80. Jahr an, weniger rasch nachläfst, als man bisher angenommen hat, sondern dafs vielmehr neben der bedeutenden Wertszunahme in dieser Periode auch noch eine recht erhebliche Massenproduktion stattfindet. Dieses Resultat stimmt mit den Untersuchungen über die Gröfse des Zuwachsprozentes, welche in neuerer Zeit in haubaren Beständen ausgeführt worden sind, vollkommen überein.

IV. Anwendung der Ertragstafeln.

Die im Vorstehenden mitgeteilten Untersuchungen haben das Ergebnis früherer Arbeiten, wonach bei der Fichte die mittlere Bestandeshöhe ein sehr brauchbarer und für die praktische Anwendung der Ertragstafeln unbedingt der beste Weiser für die Bonität ist, durchaus bestätigt.

Sollen daher die Angaben derselben für die Ermittlung des Vorrats und Zuwachses eines konkreten Bestandes benutzt werden, so ist neben dem Alter auch noch die Mittelhöhe desselben in der bekannten Weise als der Durchschnitt aus dem Ergebnis der Messung einer größeren Anzahl von mittelstarken Stämmen zu berechnen.

Stimmt die Mittelhöhe des Bestandes ganz oder nahezu mit einem der in der Ertragstafel für das betreffende Alter angegebenen Beträge überein, so können die Angaben der Tafel unter Berücksichtigung des Bestockungsergebnisses sofort benutzt werden. Wenn dagegen eine größere Differenz in den Höhen besteht, so ist zunächst festzustellen, welches die nächstgelegene Höhenkurve ist, und hat alsdann eine Reduktion der entsprechenden Tafelwerte nach dem Verhältnis der Höhen zu erfolgen.

Die Abweichung der konkreten Bestandesgüte von der normalen wird in zuverlässiger Weise nur durch eine Vergleichung der Kreisflächensummen des Bestandes mit jenen der Tafeln ermittelt; das gutachtliche Ansprechen des sogenannten Vollbestandsfaktors kann bei jedem, der mit den Tafeln nicht bereits genau vertraut ist, recht bedenkliche Fehler veranlassen; jedenfalls sind probeweise Kluppierungen zur Erzielung guter Resultate nicht zu umgehen.

Soll der Zuwachs eines Bestandes mit Hilfe der Tafeln gefunden werden, so geschieht dieses am einfachsten durch Anwendung der aus denselben entnommenen Größen, welche, soweit erforderlich, nach dem Verhältnis der konkreten Standorts- und Bestandesgüte zu jener der Tafeln reduziert werden müssen. Wenn die Abweichung der vorhandenen Kreisfläche von der normalen nicht bedeutend ist, doch den Betrag von 10—15% nicht übersteigt, so kann der volle tafelmäßige Betrag ohne weiteres angenommen werden, da diese Differenz durch den infolge des lichteren Standes erhöhten Zuwachs ausgeglichen wird.

Für kurze Zeiträume (nicht über 20 Jahre!) wird häufig, namentlich in Preußen, der Zuwachs unter Anwendung der Zuwachsprozente ermittelt. Die hierbei zu benutzenden Prozente unterscheiden sich von den in der Ertragstafel enthaltenen dadurch, daß sie auf die gegenwärtige Hauptbestandsmasse sowie auf die Periode vorwärts bezogen sind, während das Prozent des laufendjährlichen Zuwachses in der Tafel nach der Gesamtmasse und für die Mitte der 10jährigen Perioden berechnet ist.

Erstere müssen naturgemäfs gröfser sein als letztere, weil das Kapital, an welchem der Zuwachs erfolgt, kleiner ist.

Um die Angaben der Tafel auch für diese Methode ohne Umrechnung anwendbar zu machen, ist nachfolgende Tabelle aufgestellt worden, welche die Zuwachsprozente für den nächsten 10jährigen Zeitraum nach der Formel:

$$m : z = 100 : p.$$

entnehmen läfst, wobei m die Masse zu Anfang der Periode und z die Gesamtwachstumsleistung — also incl. Durchforstung — bedeutet.

Periodischer Gesamtzuwachs
Tabelle III.

ausgedrückt in Prozenten der Hauptbestandsmasse zu Anfang der 10jährigen Perioden.

A. Mitteldeutschland.

Im Alter von Jahren	I. Bonität		II. Bonität		III. Bonität		IV. Bonität		V. Bonität	
	Derb-holz	Derb- und Reis-holz	Derb-holz	Derb- und Reis-holz	Derb-holz	Derb- und Reis-holz	Derb-holz	Derb- und Reis-holz	Derb-holz	Derb- und Reis-holz
40	5,2	4,1	5,9	4,4	8,4	4,8	15,0	4,8	17,9	5,6
50	3,5	2,9	3,9	3,2	4,9	3,6	6,8	3,5	10,3	4,4
60	2,5	2,2	2,8	2,5	3,4	2,8	4,0	3,0	5,6	3,4
70	1,9	1,7	2,1	1,9	2,4	2,1	2,8	2,3	3,4	2,5
80	1,5	1,4	1,6	1,5	1,8	1,6	2,0	1,8	2,2	1,8
90	1,2	1,1	1,3	1,2	1,4	1,3	1,5	1,3	1,5	1,3
100	1,0	0,9	1,1	1,0	1,1	1,0	1,1	1,0	—	—
110	0,8	0,8	0,9	0,8	0,9	0,9	—	—	—	—

B. Süddeutschland.

Im Alter von Jahren	I. Bonität		II. Bonität		III. Bonität		IV. Bonität		V. Bonität	
	Derb-holz	Derb- und Reis-holz	Derb-holz	Derb- und Reis-holz	Derb-holz	Derb- und Reis-holz	Derb-holz	Derb- und Reis-holz	Derb-holz	Derb- und Reis-holz
40	5,3	4,3	7,5	4,5	10,8	4,8	13,3	5,3	28,5	6,3
50	3,1	2,7	4,3	3,2	5,9	3,8	8,6	4,1	12,2	4,8
60	2,2	2,0	3,0	2,6	3,8	3,1	5,0	3,4	6,8	4,0
70	1,8	1,6	2,2	2,1	2,8	2,5	3,6	2,9	4,4	3,2
80	1,4	1,4	1,8	1,7	2,2	2,1	2,8	2,4	3,2	2,6
90	1,2	1,1	1,5	1,4	1,8	1,7	2,2	2,0	2,4	2,1
100	1,0	0,9	1,2	1,2	1,5	1,4	1,6	1,5	—	—
110	0,9	0,8	1,0	0,9	1,2	1,1	—	—	—	—

V. Beteiligung der einzelnen Bestandespartien am Gesamtproduktionsgang.

In ähnlicher Weise, wie dieses bei der Ertragstafel für die Kiefer der norddeutschen Tiefebene geschehen ist, habe ich auch bei der Fichte Untersuchungen über die Beteiligung einzelner Bestandespartien am Gesamtproduktionsgang angestellt; dieselben beziehen sich jedoch ebenso wie die später folgenden Sortiments- und Geldertragstafeln blofs auf Mitteldeutschland, da mir nur für Braunschweig, Preufsen und Sachsen das hierzu erforderliche Material zu Gebote stand. Wenn auch wegen der abweichenden Zusammensetzung der Bestände in Süddeutschland die hierbei gefundenen Zahlen nicht ohne weiteres und vollständig auf diese Gruppe von Wachstumsgebieten übertragen werden können, so sind doch diese Unterschiede zu gering, um die für die Wirtschaft zu ziehenden Schlüsse in nennenswerter Weise zu beeinflussen, und besitzen letztere daher allgemeines Interesse.

Ich habe auch bei der Fichte vier Gruppen ausgeschieden: die erste derselben umfafst die 200 stärksten Stämme, die zweite jene Zahl stärkster Stämme, welche beim Abtriebe im Normalbestand noch vorhanden ist. Als Haubarkeitsalter wurde für die drei ersten Bonitäten das 120., für die vierte das 110. und für die fünfte das 100. Jahr angenommen. Es soll hiedurch jedoch keineswegs ausgedrückt werden, dafs nach meiner Ansicht in diesem Alter der Abtrieb am zweckmäfsigsten zu erfolgen habe; ich hätte namentlich für die beiden geringsten Bonitäten ebenfalls das 120. Jahr als Grundlage genommen, allein die vorhandenen Materialien reichten hierzu nicht aus.

Die in der Ertragstafel enthaltenen Stammzahlen sind behufs einfacherer Rechnung teilweise etwas abgerundet und folgendermafsen festgesetzt worden:

für die	I. Bonität auf	470 Stämme	
„ „	II. „	„ 610	„
„ „	III. „	„ 800	„
„ „	IV. „	„ 1160	„
„ „	V. „	„ 1600	„

Die Differenz zwischen diesen Stammzahlen und jenen des Hauptbestandes in den jüngeren Altersstufen ergiebt die dritte Bestandesgruppe, den Restbestand.

Die vierte Gruppe endlich wird vom periodischen Abgang gebildet.

Die Massen, Kreisflächen und Höhen der beiden ersten Gruppen wurden für die einzelnen Flächen aus den Aufnahmemanualen entnommen, welche ausreichenden Anhalt dafür boten (in Preußen waren für die 200 stärksten Stämme bei den Aufnahmen im Sommer 1889 die nötigen Materialien speziell aufgenommen worden). Die Angaben dienten alsdann zur Ableitung von Mittelwerten auf graphischem Wege.

Die Masse und Stammzahl des Restbestandes waren durch die jeweiligen Differenzen zwischen den betreffenden Größen des Hauptbestandes und jenen der zweiten Gruppe gegeben.

Für den periodischen Abgang waren die nötigen Materialien bereits bei Aufstellung der Ertragstafeln erhoben worden.

Mit diesen Elementen sind die drei Tabellen IV—VI berechnet worden.

(Siehe Tabelle IV S. 80 und 81.)

Tabelle IV hat die Aufgabe, zur Darstellung zu bringen, wie sich unmittelbar nach ausgeführter Durchforstung die einzelnen Gruppen an der Zusammensetzung der Bestandesmasse beteiligen und wie sich jede derselben entwickelt; des Vergleichs wegen sind die betreffenden Angaben auch für den Hauptbestand beigefügt.

Als Ergebnisse dieser Tabelle dürfte folgendes hervorzuheben sein:

1. Die Stämme des Abtriebsbestandes enthalten schon vom 40. Jahr ab in allen Bonitäten mehr als die Hälfte der Masse des Hauptbestandes.

2. Das Verhältnis, in welchem die Masse der Stämme des Abtriebsbestandes zu jener des Hauptbestandes steht, ist in allen Bonitäten für das gleiche Alter fast genau das nämliche; die in der IV. und V. Bonität späterhin hervortretenden kleinen Abweichungen sind durch das verschiedene Alter, auf welches die Berechnung bezogen ist, veranlaßt.

3. Wegen der geringeren Stammzahl beteiligen sich die 200 stärksten Stämme jeweils in den besseren Bonitäten mit einem höheren Prozentsatz an der Masse des Hauptbestandes als in den geringeren.

Tabelle IV.

Alter	des Hauptbestandes					der 200 stärksten Stämme					der Stämme des Abtriebsbestandes im 120jährigen Alter					des Hauptbestandes excl. der Stammzahl im 120jähr. Alter (Restbestand)			Periodischer Abgang
	Stammzahl	Mittelstamm			Gesamtmasse	Mittelstamm			Gesamtmasse	Masse in Prozenten des Hauptbestandes	Mittelstamm			Gesamtmasse	Masse in Prozenten des Hauptbestandes	Stammzahl	Masse des Mittelstamms	Gesamtmasse	Masse des Mittelstammes
		Höhe	Durchmesser	Masse		Höhe	Durchmesser	Masse			Höhe	Durchmesser	Masse						
Jahre		m	cm	fm	fm	m	cm	fm	fm	%	m	cm	fm	fm	%		fm	fm	fm
I. Bonität.																			
30	4450	10,7	10,6	0,07	335	15,8	20,0	0,35	70	21	15,2	17,2	0,32	148	44	3980	0,05	187	0,010
40	2800	15,7	14,7	0,18	514	20,6	25,8	0,67	134	26	19,4	21,6	0,58	273	53	2330	0,10	241	0,029
50	1790	19,9	19,3	0,37	660	24,8	30,0	1,02	203	31	23,4	25,6	0,87	407	62	1320	0,19	253	0,068
60	1250	23,3	23,9	0,62	778	28,4	34,0	1,38	276	35	26,9	29,2	1,16	544	71	780	0,31	234	0,135
70	950	26,0	28,0	0,92	876	31,3	37,5	1,76	352	40	29,5	32,4	1,44	675	77	480	0,42	201	0,220
80	770	28,3	31,6	1,25	959	33,6	40,6	2,15	430	45	31,4	35,1	1,70	799	83	300	0,53	160	0,335
90	640	30,2	35,2	1,61	1033	35,3	43,3	2,54	507	49	32,6	37,4	1,95	916	89	170	0,69	117	0,490
100	550	31,8	38,5	2,00	1100	36,4	45,6	2,92	583	53	33,3	39,4	2,18	1025	93	80	0,94	75	0,690
110	500	33,1	40,8	2,32	1161	37,1	47,5	3,28	657	57	33,8	41,1	2,39	1125	97	30	1,20	36	0,950
120	470	34,1	42,5	2,59	1215	37,4	49,0	3,65	729	60	34,1	42,5	2,59	1215	100	—	—	—	1,233
II. Bonität.																			
30	5200	8,0	8,7	0,05	253	12,2	17,1	0,23	45	17	11,7	14,0	0,17	106	42	4590	0,03	147	0,009
40	3370	12,3	12,3	0,11	383	16,6	21,1	0,43	86	23	15,8	18,1	0,32	196	51	2760	0,07	187	0,019
50	2265	16,2	15,9	0,22	500	20,8	25,0	0,68	136	28	19,7	21,9	0,50	303	61	1655	0,12	197	0,048
60	1620	19,5	19,7	0,37	603	24,4	28,6	0,96	191	32	23,0	25,4	0,69	420	70	1010	0,18	183	0,090
70	1220	22,2	23,2	0,57	693	27,2	31,8	1,25	249	36	25,6	28,3	0,88	538	78	610	0,25	155	0,138
80	980	24,5	26,4	0,79	771	29,3	34,7	1,55	309	40	27,3	30,4	1,06	649	84	370	0,33	122	0,200
90	825	26,4	29,3	1,01	839	30,8	37,2	1,84	368	44	28,5	32,0	1,23	751	90	215	0,41	88	0,285

— 81 —

100	715	28,0	32,0	1,26	900	32,1	39,4	2,13	426	47	29,3	33,3	1,38	844	94	105	0,57	56	0,415
110	645	29,3	34,0	1,48	955	33,1	41,2	2,41	482	50	29,9	34,4	1,52	929	97	35	0,74	26	0,575
120	610	30,4	35,3	1,65	1006	33,7	42,7	2,68	536	53	30,4	35,3	1,65	1006	100	—	—	—	0,771

III. Bonität.

30	8250	5,9	6,1	0,02	183	9,7	13,5	0,14	28	15	9,2	10,2	0,09	72	39	7450	0,01	111	—
40	4810	9,2	9,3	0,06	273	13,6	16,5	0,27	53	19	12,7	13,9	0,17	134	49	4010	0,03	139	0,008
50	3040	12,8	12,5	0,12	365	17,0	20,2	0,43	85	23	16,0	17,3	0,27	214	59	2240	0,07	151	0,021
60	2100	15,9	15,8	0,21	452	20,3	23,5	0,61	122	27	18,8	20,4	0,38	308	68	1300	0,11	144	0,048
70	1570	18,6	18,8	0,34	533	22,8	26,5	0,81	162	30	21,1	22,9	0,51	407	76	770	0,16	126	0,085
80	1250	20,7	21,7	0,48	604	24,8	29,2	1,02	204	34	22,9	24,6	0,63	503	83	450	0,22	101	0,128
90	1060	22,4	24,1	0,63	666	26,4	31,6	1,22	245	37	24,1	26,0	0,74	592	89	260	0,29	74	0,184
100	950	23,9	26,0	0,76	720	27,6	33,7	1,43	285	40	24,9	27,2	0,84	673	93	150	0,31	47	0,282
110	865	25,0	27,6	0,89	768	28,4	35,5	1,62	323	42	25,5	28,2	0,93	746	97	65	0,34	22	0,318
120	800	25,8	29,1	1,01	811	28,8	37,0	1,80	359	44	25,8	29,1	1,01	811	100	—	—	—	0,354

IV. Bonität.

30	—	3,9	—	—	126	6,8	8,2	0,07	15	12	6,1	6,6	0,04	51	40	—	—	75	—
40	6760	6,4	7,1	0,03	188	10,3	12,1	0,15	30	16	9,2	9,8	0,08	91	48	5600	0,02	97	0,004
50	4080	9,3	9,9	0,06	254	13,2	15,7	0,25	50	20	12,1	12,8	0,13	152	60	2920	0,03	102	0,009
60	2720	12,2	12,7	0,12	322	16,1	19,0	0,37	74	23	14,8	15,5	0,19	227	71	1560	0,06	95	0,021
70	2020	14,7	15,3	0,19	389	18,7	21,9	0,52	101	26	17,0	17,6	0,27	309	79	860	0,09	80	0,043
80	1620	16,8	17,6	0,28	451	20,4	24,3	0,65	129	29	18,6	19,3	0,34	391	87	460	0,13	60	0,070
90	1385	18,5	19,5	0,36	505	21,5	26,3	0,77	155	31	19,7	20,6	0,40	466	92	225	0,17	39	0,106
100	1250	19,8	21,0	0,44	550	22,3	28,1	0,88	179	33	20,3	21,5	0,46	532	97	90	0,20	18	0,163
110	1160	20,7	22,0	0,50	588	22,9	29,7	1,00	201	34	20,7	22,0	0,50	588	100	—	—	—	0,211

V. Bonität.

30	—	2,7	—	—	77	4,3	4,3	0,04	7	9	3,8	3,4	0,02	33	43	—	—	44	—
40	9800	4,6	5,1	0,01	118	7,2	8,1	0,08	15	13	6,4	6,5	0,04	58	49	8200	0,01	60	—
50	5320	6,7	7,7	0,03	165	10,0	11,7	0,14	29	17	9,0	9,4	0,07	105	64	3720	0,02	60	0,004
60	3390	9,0	10,3	0,06	217	12,4	15,0	0,22	45	21	11,3	12,0	0,10	164	76	1790	0,03	53	0,010
70	2470	11,3	12,6	0,11	271	14,3	17,9	0,31	62	23	13,0	14,1	0,14	231	85	870	0,05	40	0,023
80	2000	13,2	14,5	0,16	322	15,7	20,3	0,40	79	25	14,2	15,5	0,18	296	92	400	0,07	26	0,038
90	1740	14,5	16,0	0,21	366	16,6	22,3	0,47	94	26	15,2	16,4	0,22	354	97	140	0,09	12	0,058
100	1600	15,5	17,0	0,25	400	17,1	24,0	0,54	107	27	15,5	17,0	0,25	400	100	—	—	—	0,086

So beträgt im Alter 100 der Anteil der 200 stärksten Stämme

		an der Stammzahl	an der Masse des Hauptbestandes
für Bonität	I.	36 %	53 %
„	„ II.	27 %	47 %
„	„ III.	21 %	40 %
„	„ IV.	16 %	33 %
„	„ V.	12 %	27 %

4. Die 200 stärksten Stämme haben bei der Fichte trotz des kleineren Prozentsatzes relativ, d. h. mit Rücksicht auf das Verhältnis der Stammzahlen, einen gröfseren Anteil an der Masse des Hauptbestandes, als dieses bei der Kiefer der Fall ist. Die Ursache hierfür dürfte darin zu suchen sein, dafs bei der Kiefer auch die geringeren Stämme des Hauptbestandes wegen des gröfseren Lichtgenusses sich durchschnittlich in einem besseren Zuwachs befinden, als bei der gedrängter stehenden Fichte.

5. Die Differenzen zwischen Brusthöhe und Masse des Mittelstammes der 200 stärksten Stämme einerseits und den entsprechenden Gröfsen für den Hauptbestand sind im jugendlichen Alter am beträchtlichsten, nehmen allmählich ab, sind aber auch im höheren Alter noch ziemlich bedeutend. Dieser Unterschied ist bei der Fichte gröfser als bei der Kiefer, weil die betr. Mittelstämme wegen der gröfseren Stammzahl dort weiter auseinander liegen als hier.

Tabelle V gewährt einen interessanten Überblick über die Verschiebung, welche der Zeitpunkt der Kulmination des Zuwachses bei den verschiedenen Bestandesgruppen erfährt, sowie über die Gröfse desselben.

(Tabelle V siehe S. 83.)

Der laufendjährliche Zuwachs erreicht sein Maximum für die Gesamtmasse zwischen dem 40. und 60. Jahr, für die Stämme des Abtriebsbestandes zwischen dem 50. und 70. und für die 200 stärksten Stämme endlich zwischen dem 70. und 80. Jahr.

Die Kulmination des Durchschnittszuwachses tritt ein für die Gesamtmasse zwischen dem 70. und 95. Jahr, für die Stämme des Abtriebsbestandes in den besseren Bonitäten zwischen dem 100. und 110. Jahr; in den geringeren Bonitäten fällt dasselbe in ein Alter, für welches die Tafel nicht mehr ausreicht; dieses ist für die 200 stärksten Stämme durchgehends der Fall, dieselben dürften wahrscheinlich, wenigstens in den mittleren und besseren Bonitäten, das Maximum des Durchschnittszuwachses zwischen

Tabelle V.

Alter	I. Bonität			II. Bonität			III. Bonität			IV. Bonität			V. Bonität		
	durch-schnittl. Zuwachs	laufend-jährlicher Zuwachs		durch-schnittl. Zuwachs	laufend-jährlicher Zuwachs		durch-schnittl. Zuwachs	laufend-jährlicher Zuwachs		durch-schnittl. Zuwachs	laufend-jährlicher Zuwachs		durch-schnittl. Zuwachs	laufend-jährlicher Zuwachs	
Jahre	fm	fm	%	fm	fm	%	fm	fm	%	fm	fm	%	fm	fm	%
A. Die 200 stärksten Stämme.															
30	2,3	6,1	8,7	1,5	3,6	8,0	0,9	2,1	7,5	0,5	1,2	8,0	0,2	0,5	7,1
40	3,3	6,7	5,0	2,1	4,6	5,3	1,3	2,8	5,3	0,8	1,7	5,7	0,4	1,1	7,3
50	4,1	7,1	3,5	2,7	5,2	3,8	1,7	3,4	4,0	1,0	2,2	4,4	0,6	1,5	5,2
60	4,6	7,4	2,7	3,2	5,6	2,9	2,0	3,8	3,1	1,2	2,5	3,4	0,8	1,6	3,6
70	5,0	7,6	2,2	3,5	5,8	2,3	2,3	4,0	2,5	1,4	2,7	2,7	0,9	1,7	2,7
80	5,4	7,8	1,8	3,8	6,0	1,9	2,6	4,1	2,0	1,6	2,7	2,1	1,0	1,6	2,0
90	5,5	7,7	1,5	4,1	5,9	1,6	2,7	4,0	1,6	1,7	2,5	1,6	1,0	1,4	1,5
100	5,8	7,5	1,3	4,3	5,7	1,3	2,8	3,8	1,3	1,8	2,3	1,3	1,1	1,2	1,1
110	6,0	7,3	1,1	4,4	5,5	1,1	2,9	3,7	1,1	1,8	2,1	1,0			
120	6,1	7,1	1,0	4,5	5,3	1,0	3,0	3,5	1,0						
B. Die Stämme des Abtriebsbestandes.															
30	4,9	12,0	8,1	3,5	8,0	7,5	2,4	5,2	7,2	1,7	2,9	5,7	1,1	1,2	3,6
40	6,8	13,0	4,8	4,9	9,8	5,0	3,4	7,1	5,3	2,3	5,0	5,5	1,5	3,6	6,2
50	8,2	13,6	3,3	6,1	11,2	3,7	4,3	8,7	4,0	3,0	6,8	4,5	2,1	5,3	5,2
60	9,1	13,4	2,5	7,0	11,7	2,8	5,1	9,6	3,1	3,8	7,8	3,4	2,7	6,3	3,8
70	9,5	12,8	1,9	7,7	11,4	2,1	5,8	9,8	2,4	4,4	8,2	2,7	3,3	6,6	2,8
80	10,0	12,1	1,5	8,1	10,7	1,6	6,3	9,3	1,8	4,9	7,9	2,0	3,7	6,2	2,1
90	10,2	11,3	1,2	8,3	9,7	1,3	6,6	8,5	1,4	5,2	7,1	1,5	3,9	5,2	1,5
100	10,2	10,4	1,0	8,4	8,9	1,1	6,7	7,7	1,1	5,3	6,1	1,1	4,0	4,1	1,0
110	10,2	9,5	0,8	8,5	8,1	0,9	6,8	6,9	0,9	5,3	5,1	0,9			
120	10,1	8,5	0,7	8,4	7,2	0,7	6,8	6,1	0,7						

dem 140. und 150. Jahr erreichen, im 120. Jahr haben dieselben in der I. Bonität noch 7,1 und in der II. Bonität 5,3 fm. laufend-jährlichen Zuwachs.

Tabelle VI läfst ersehen, in welcher Weise die verschiedenen Stammklassen sich an der Gesamtproduktion beteiligen.

(Siehe Tabelle VI S. 84.)

Stellt man hiernach zusammen, wie sich die Wachstumsleistung vom 50. bis zum 120. (110. in der IV. Bonität) Jahr gestaltet, so kommt man zu folgendem, für die Praxis sehr interessanten Ergebnis:

Bonität	Gesamt-zuwachs	Zuwachs der 200 stärksten Stämme		Zuwachs der Stämme des Abtriebsbestandes		Zuwachs des Nebenbestandes	
	fm	fm	% d. Gesamtzuw.	fm	% d. Gesamtzuw.	fm	% d. Gesamtzuw.
I	946	526	55,6	808	85,4	138	14,6
II	819	400	48,8	703	85,9	116	14,1
III	693	274	39,5	597	86,2	96	13,8
IV	487	151	31,0	436	89,5	51	10,5

Alter (Jahre)	Gesamtproduktion Masse (fm)	Gesamtproduktion Produktion im Dezennium (fm)	Der 200 stärksten Stämme Masse (fm)	Der 200 stärksten Stämme Anteil am Gesamtertrag (%)	Der 200 stärksten Stämme Produktion im Dezennium Festmeter	Der 200 stärksten Stämme Produktion im Dezennium der Gesamtproduktion (%)	Der Stämme des Abtriebsbestandes im 120jährigen Alter[1] Masse (fm)	Abtriebsbestand Anteil am Gesamtertrag (%)	Abtriebsbestand Produktion im Dezennium Festmeter	Abtriebsbestand Produktion im Dezennium der Gesamtproduktion (%)	Des Nebenbestandes (periodischer Abgang und Restbestand) Masse	hiervon wurden bisher genutzt	als Restbestand sind verblieben	Produktion im Dezennium	im Dezennium war periodischer Abgang	im Dezennium Änderungen in der Masse des Restbestandes
I. Bonität.																
30	364	227	70	19	64	28	148	41	125	55	216	29	187	102	48	+54
40	591	210	134	23	69	33	273	46	134	64	318	77	241	76	64	+12
50	801	191	203	25	73	38	407	51	137	72	394	141	253	54	73	—19
60	992	169	276	28	76	45	544	55	131	78	448	214	234	38	71	—33
70	1161	147	352	30	78	53	675	59	124	84	486	285	201	23	64	—41
80	1308	130	430	33	77	59	799	61	117	90	509	349	160	13	56	—43
90	1438	115	507	35	76	66	916	64	109	95	522	405	117	6	48	—42
100	1553	103	583	37	74	72	1025	66	100	97	528	453	75	3	42	—39
110	1656	91	657	40	72	79	1125	68	90	99	531	495	36	1	37	—36
120	1747		729	42			1215	69			532	532	—			
II. Bonität.																
30	265	166	45	17	41	25	106	40	90	54	159	12	147	76	36	+40
40	431	168	86	20	50	30	196	45	107	64	235	48	187	61	51	+10
50	599	162	136	23	55	34	303	51	117	72	296	99	197	45	59	—14
60	761	149	191	25	58	39	420	55	118	79	341	158	183	31	59	—28
70	910	130	249	27	60	46	538	59	111	85	372	217	155	19	52	—33
80	1040	113	309	30	59	52	649	62	102	90	391	269	122	11	45	—34
90	1153	99	368	32	58	59	751	65	93	94	402	314	88	6	38	—32
100	1252	88	426	34	56	64	844	67	85	97	408	352	56	3	33	—30
110	1340	78	482	36	54	70	929	69	77	99	411	385	26	1	27	—26
120	1418		536	38			1006	71			412	412	—			
III. Bonität.																
30	183	117	28	15	25	22	72	39	62	52	111	—	111	55	27	+28
40	300	130	53	18	32	25	134	45	80	62	166	27	139	50	38	+12
50	430	132	85	20	37	28	214	50	94	71	216	65	151	38	45	— 7
60	562	126	122	22	40	32	308	55	99	79	254	110	144	27	45	—18
70	688	112	162	24	42	37	407	59	96	85	281	155	126	16	41	—25
80	800	97	204	26	41	42	503	63	89	90	297	196	101	8	35	—27
90	897	85	245	27	40	47	592	66	81	94	305	231	74	4	31	—27
100	982	75	285	28	38	51	673	68	73	97	309	262	47	2	27	—25
110	1057	66	323	30	36	55	746	70	65	99	311	289	22	1	23	—22
120	1123		359	32			811	72			312	312	—			
IV. Bonität.																
30	126	72	15	12	15	20	51	41	40	55	75	—	75	32	10	+22
40	198	91	30	15	20	22	91	46	61	67	107	10	97	30	25	+ 5
50	289	97	50	17	24	24	152	52	75	77	137	35	102	22	29	— 7
60	386	97	74	19	27	27	227	59	82	85	159	64	95	15	30	—15
70	483	90	101	21	28	30	309	64	82	91	174	94	80	8	28	—20
80	573	79	129	23	26	33	391	68	75	95	182	122	60	4	25	—21
90	652	67	155	24	24	36	466	71	66	97	186	147	39	1	22	—21
100	719	57	179	25	22	39	532	74	56	99	187	169	18	1	19	—18
110	776		201	26			588	76			188	188	—			

[1] Für die IV. Bonität 110jähriges Alter.

Alter	Gesamt-produktion		Der 200 stärksten Stämme				Der Stämme des Abtriebsbestandes im 100jährigen Alter				Des Nebenbestandes (periodischer Abgang und Restbestand)					
	Masse	Produktion im Dezennium	Masse	Anteil am Gesamtertrag	Festmeter	Produktion im Dezennium der Gesamtproduktion	Masse	Anteil am Gesamtertrag	Festmeter	Produktion im Dezennium der Gesamtproduktion	Masse	hiervon wurden bisher genutzt	als Restbestand sind verblieben	Produktion im Dezennium	war periodischer Abgang	Änderungen in der Masse des Restbestandes
Jahre	fm	fm	fm	%	Festmeter	%	fm	%	Festmeter	%	Festmeter					

V. Bonität.

Alter	Masse	Prod. Dez.	Masse	Anteil	Festmeter	Prod. Dez. %	Masse	Anteil	Festmeter	Prod. Dez. %	Masse	genutzt	Restbestand	Prod. Dez.	period. Abgang	Änderungen
30	77	41	7	9	8	19	33	43	25	58	44	—	44	16	—	+16
40	118	66	15	13	14	21	58	49	47	70	60	—	60	19	19	± 0
50	184	72	29	16	16	22	105	57	59	80	79	19	60	13	20	— 7
60	256	75	45	18	17	23	164	64	67	88	92	39	53	8	21	—13
70	331	69	62	19	17	24	231	70	65	94	100	60	40	4	18	—14
80	400	59	79	20	15	25	296	74	58	98	104	78	26	1	15	—14
90	459	46	94	21	13	26	354	77	46	100	105	93	12	0	12	—12
100	505		107	21			400	79			105	105	—			

Die Stämme des Abtriebsbestandes produzieren demnach bei der Fichte, ebenso wie bei der Kiefer, vom 50. bis zum 120. Jahr 85 bis 90 % der Gesamtmasse, sämtliche übrigen Stämme dagegen nur etwa 14 %; vom 45. Jahre an genügt bereits der Zuwachs des Nebenbestandes nicht mehr, um den periodischen Abgang zu decken, sondern wird durch diesen der Kapitalstock selbst allmählich aufgezehrt.

Die Ergebnisse der Ertragsuntersuchungen, daß einerseits von den mittleren Lebensaltern ab eine verhältnismäßig sehr geringe Stammzahl genügt, um den weitaus größten Teil des Gesamtzuwachses zu erzeugen, und andrerseits bei den gewöhnlichen Umtriebszeiten und Betriebsarten die Produktionsfähigkeit der besten Stammklassen keineswegs voll ausgenützt wird, ermöglichen wichtige Folgerungen für die zweckmäßigste Behandlungsweise der Bestände.

Vor allem wird hierdurch der Grundsatz gerechtfertigt, daß vom Baumholzalter an bei der Fichte die starke Durchforstung Platz zu greifen hat. Wenn man erwägt, daß bei zwar regelmäßig geübter, aber doch im großen und ganzen nur „mäßig" gehaltener Durchforstung nach Tabelle IV im 60jährigen Alter die Stämme des Abtriebsbestandes in allen Bonitäten rund 60 % der Stammgrundfläche des Hauptbestandes enthalten, so kann durch Einlegung einer starken Durchforstung, welche zwischen 15 und 20 % dieser Stammgrundfläche entnimmt, jedenfalls der

Gesamtzuwachs in keiner Weise beeinträchtigt werden, da die herausgenommenen Stämme nach obigen Tabellen an demselben nur in ganz verschwindendem Maſse beteiligt sind; es ist vielmehr anzunehmen, daſs der Zuwachs infolge der nun ermöglichten besseren Ausbildung der Kronen der verbleibenden Stämme noch über die in den Tafeln enthaltene Gröſse gesteigert wird.

Die späte Kulmination des durchschnittlichen Zuwachses bei den besten Stämmen fordert weiterhin dazu auf, die Produktion von 5—6 fm hochwertigen Holzes pro Jahr, welche an den 200 stärksten Stämmen zwischen dem 120. und 150. Jahr zu erwarten ist, in Verbindung mit der Nachzucht eines jungen Bestandes so lange als möglich auszunützen.

VI. Ausscheidung des Ertrages nach Sortimenten.

Wie in meinen beiden Ertragstafeln für die Kiefer habe ich in nachstehendem den Versuch gemacht, für die Fichte ebenfalls neben dem Massenzuwachs auch den Wertszuwachs zu ermitteln. Ich bin dabei wieder von den beiden extremen Fällen ausgegangen, daſs entweder alles Derbholz als Nutzholz abgesetzt werden kann, oder daſs das ganze Materialergebnis zu Brennholz aufgearbeitet werden muſs.

Die erste Voraussetzung wird bei den gegenwärtigen Absatzverhältnissen der Wirklichkeit wohl am nächsten kommen, da in den meisten Waldgebieten jetzt nur noch die faulen oder ganz abnorm schlecht gewachsenen Stämme und Stammteile als Brennholz verwertet werden. Die Ausscheidung der Masse nach den Brennholzsortimenten bietet indessen doch auch für manche Zwecke sehr erwünschte Anhaltspunkte und ist deshalb ebenfalls beigefügt.

Bei Abgrenzung der Nutzholzsortimente wurden die preuſsischen Vorschriften zu Grunde gelegt und so ist das Stammholz in folgender Weise klassifiziert: I. Klasse über 3,00 fm, II. Klasse 2,00—3,00 fm, III. Klasse 2,00—1,00 fm, IV. Klasse 0,51 bis 1,00 fm, V. Klasse 0,50 fm und weniger. Dabei ist unterstellt worden, daſs die Stämme bis zu einer Zopfstärke von 7 cm ausgehalten werden, wie dieses in mehreren Fichtengebieten, z. B. am Harz, meist geschieht. Weiter ist noch in einer besonderen Spalte angegeben, wieviel Schnittholz von 30 cm Zopfstärke und mindestens 3 m Länge in der ganzen Nutzholzmasse enthalten ist.

Zum Zweck der Aufstellung der Sortimentenertragstafel für den Hauptbestand wurden die Probestämme, soweit für dieselben die Ergebnisse der sektionsweisen Kubierung zur Verfügung standen, dazu benützt, um an ihnen zu ermitteln, wie sich ihre Massen auf die verschiedenen Sortimente verteilen, hierauf die Summe für sämtliche Probestämme jeder Fläche gezogen und der prozentuale Anteil der einzelnen Sortimente an deren Masse berechnet. Da diese Stämme nach allen Richtungen als Modell der Probeflächen dienen, so darf auch angenommen werden, daſs die verschiedenen Sortimente auf der ganzen Fläche in demselben Verhältnis anfallen werden wie bei den Probestämmen. Schlieſslich wurden für jedes Sortiment, getrennt nach Bonitäten, die Alter der Flächen als Abszissen und die entsprechenden Prozente als Ordinaten aufgetragen. Hiernach lieſsen sich Kurven konstruieren, welche den prozentualen Anteil der einzelnen Sortimente an der Gesamtmasse in den verschiedenen Altersstufen und Bonitäten darstellen.

Bezüglich des periodischen Abganges hatte ich bei der Kiefer unterstellt, daſs alles Derbholz nur als Brennholz zu verwerten sei. Da diese Annahme bei der Fichte niemals zutrifft, so habe ich hier folgenden Weg eingeschlagen:

Durch Anfrage bei einer gröſseren Anzahl von Oberförstereien ermittelte ich, wieviel Prozent Nutzholz durchschnittlich bei den Zwischennutzungen entfallen. Als Durchschnitt der verschiedenen Angaben berechneten sich 60 % des Derbholzes. Es wurde nun angenommen, daſs dieser Prozentsatz durch alle Altersstufen hindurch der nämliche bleibe, und so zunächst das Ergebnis an Derb-Nutz- bezw. Brennholz für die einzelnen Alter festgestellt.

Die Verteilung dieser Massen nach Sortimenten erfolgte unter Anwendung der Prozentsätze, welche sich für das Derbholz des Hauptbestandes in jenem Zeitpunkt ergeben hatten, in welchem der Mittelstamm desselben die gleiche Masse hatte, wie der Mittelstamm des periodischen Abganges im gegenwärtigen Alter.

Die Sonderung des Reisigs in Nutz- und Brennreisig erfolgte gleichfalls unter Anlehnung an die Ermittlungen, welche für den Hauptbestand angestellt worden waren.

Sortiments-Ertragstafel.

A. Hauptbestand.

I. Bonität.

Alter	Maximum an Nutzholz																		Nur Brennholz											Alter
	Stammholz — Klasse I		II		III		IV		V		Darunter Blockholz über 30 cm Zopfstärke		Stangen — Derbholz		Stangen — Reisholz		Brennholz-Reisig		Summa	Kloben stark		Kloben schwach		Knüppel stark		Knüppel schwach		Reisig		Summa	
Jahre	in%	fm	in%	fm	in%	fm	in%	fm	in%	fm	in%	fm	in%	fm	in%	fm	in%	fm	fm	in%	fm	in%	fm	in%	fm	in%	fm	in%	fm	fm	Jahre
30	—	—	—	—	—	—	8	27	32	106	—	—	24	80	3	10	33	112	335	—	—	19	64	21	70	21	70	39	131	335	30
40	—	—	—	—	7	36	29	149	30	154	—	—	12	61	—	—	22	114	514	—	—	45	230	17	86	14	72	24	126	514	40
50	—	—	—	—	23	152	37	246	22	144	—	—	—	—	—	—	18	118	660	—	—	63	417	12	79	7	46	18	118	660	50
60	—	—	—	—	34	264	40	310	12	94	2	16	—	—	—	—	14	110	778	6	47	71	551	6	47	3	23	14	110	778	60
70	—	—	—	—	44	386	40	350	4	35	12	105	—	—	—	—	12	105	876	16	140	67	588	3	26	2	17	12	105	876	70
80	—	—	11	106	47	458	30	293	—	—	25	240	—	—	—	—	12	102	959	27	261	59	568	2	19	1	9	11	102	959	80
90	4	41	20	207	49	508	17	175	—	—	37	381	—	—	—	—	10	102	1033	39	404	48	497	2	20	1	10	10	102	1033	90
100	16	176	27	296	48	525	—	—	—	—	48	528	—	—	—	—	9	103	1100	49	537	39	427	2	22	1	11	9	103	1100	100
110	28	325	29	338	34	395	—	—	—	—	60	700	—	—	—	—	9	103	1161	62	721	27	314	1	12	1	11	9	103	1161	110
120	44	532	30	363	18	217	—	—	—	—	71	862	—	—	—	—	8	103	1215	73	883	17	205	1	12	1	12	8	103	1215	120

II. Bonität.

Alter	Maximum an Nutzholz																		Nur Brennholz											Alter
	Stammholz — Klasse I		II		III		IV		V		Darunter Blockholz über 30 cm Zopfstärke		Stangen — Derbholz		Stangen — Reisholz		Brennholz-Reisig		Summa	Kloben stark		Kloben schwach		Knüppel stark		Knüppel schwach		Reisig		Summa	
Jahre	in%	fm	in%	fm	in%	fm	in%	fm	in%	fm	in%	fm	in%	fm	in%	fm	in%	fm	fm	in%	fm	in%	fm	in%	fm	in%	fm	in%	fm	fm	Jahre
30	—	—	—	—	—	—	—	—	23	58	—	—	27	68	10	25	40	102	253	—	—	7	18	18	45	22	56	53	134	253	30
40	—	—	—	—	—	—	5	19	39	149	—	—	27	100	4	15	25	100	383	—	—	28	108	21	80	20	77	31	117	383	40
50	—	—	—	—	—	—	24	120	42	210	—	—	14	70	—	—	20	100	500	—	—	51	254	16	81	12	60	21	105	500	50
60	—	—	—	—	10	60	38	227	36	216	—	—	—	—	—	—	16	100	603	—	—	69	413	10	60	5	30	16	100	603	60
70	—	—	—	—	25	173	41	284	20	138	1	7	—	—	—	—	14	98	693	4	27	73	506	6	40	3	20	14	98	693	70
80	—	—	—	—	37	286	40	309	10	77	10	77	—	—	—	—	13	99	771	13	100	68	525	4	31	2	15	13	99	771	80
90	—	—	4	34	46	387	36	303	2	16	20	168	—	—	—	—	12	99	839	23	194	60	505	3	25	2	16	12	99	839	90
100	5	45	14	126	48	431	22	198	—	—	30	270	—	—	—	—	11	100	900	33	297	52	467	3	27	1	9	11	100	900	100
110	15	142	20	190	46	438	9	85	—	—	40	382	—	—	—	—	10	100	955	44	418	43	409	2	19	1	9	10	100	955	110
120	24	242	26	262	40	402	—	—	—	—	51	510	—	—	—	—	10	100	1006	54	544	33	333	2	20	1	9	10	100	1006	120

III. Bonität.

Linker Block:

Alter	1	2	3	4	5	6	7	8	9	10	11	12	13	14	15	16	17	18	19	20	21
30	—	—	—	—	—	—	—	—	—	—	—	—	—	—	31	57	18	33	51	93	183
40	—	—	—	—	—	—	—	—	22	60	—	—	—	—	35	95	12	30	31	88	273
50	—	—	—	—	—	—	—	—	42	153	—	—	—	—	30	111	4	17	24	84	365
60	—	—	—	—	—	—	13	59	52	235	—	—	—	—	17	76	—	—	18	82	452
70	—	—	—	—	—	—	33	174	50	265	—	—	—	—	—	—	—	—	17	94	533
80	—	—	—	—	5	30	41	246	39	235	—	—	—	—	—	—	—	—	15	92	604
90	—	—	—	—	20	133	38	255	28	187	2	13	—	—	—	—	—	—	14	91	666
100	—	—	—	—	35	252	35	253	17	122	12	86	—	—	—	—	—	—	13	93	720
110	—	—	7	53	49	376	26	199	6	46	22	169	—	—	—	—	—	—	12	94	768
120	4	32	18	145	53	426	14	113	—	—	33	267	—	—	—	—	—	—	11	95	811

Rechter Block:

Alter	1	2	3	4	5	6	7	8	9	10	11
30	—	—	—	—	5	9	21	38	74	136	183
40	—	—	10	27	20	55	24	66	46	125	273
50	—	—	31	114	25	92	14	51	30	108	365
60	—	—	53	233	19	85	8	36	20	98	452
70	—	—	65	344	14	74	4	21	17	94	533
80	—	—	73	440	9	54	3	18	15	92	604
90	7	47	71	475	6	40	2	13	14	91	666
100	16	115	64	462	5	36	2	14	13	93	720
110	25	192	57	437	4	30	2	15	12	94	768
120	35	284	50	400	3	24	1	8	11	95	811

IV. Bonität.

Linker Block:

Alter	1	2	3	4	5	6	7	8	9	10	11	12	13	14	15	16	17	18	19	20	21
30	—	—	—	—	—	—	—	—	—	—	—	—	—	—	13	16	24	30	63	80	126
40	—	—	—	—	—	—	—	—	—	—	—	—	—	—	38	71	19	36	43	81	188
50	—	—	—	—	—	—	—	—	14	36	—	—	—	—	49	124	13	33	24	61	254
60	—	—	—	—	—	—	—	—	38	122	—	—	—	—	36	116	3	10	23	74	322
70	—	—	—	—	—	—	7	27	54	210	—	—	—	—	18	70	—	—	21	82	389
80	—	—	—	—	—	—	23	104	59	264	—	—	—	—	—	—	—	—	18	83	451
90	—	—	—	—	—	—	32	161	52	260	—	—	—	—	—	—	—	—	16	84	505
100	—	—	—	—	5	27	37	203	43	235	—	—	—	—	—	—	—	—	15	85	550
110	—	—	—	—	15	88	39	230	31	183	—	—	—	—	—	—	—	—	15	87	588

Rechter Block:

Alter	1	2	3	4	5	6	7	8	9	10	11
30	—	—	—	—	—	—	10	12	90	114	126
40	—	—	—	—	5	9	27	51	68	128	188
50	—	—	2	5	21	53	35	88	42	108	254
60	—	—	27	91	27	91	18	59	28	91	322
70	—	—	48	187	20	78	10	39	22	85	389
80	—	—	62	282	14	63	6	23	18	83	451
90	—	—	70	351	9	45	5	25	16	84	505
100	—	—	73	399	8	44	4	22	15	85	550
110	—	—	75	443	7	41	3	17	15	87	588

V. Bonität.

Linker Block:

Alter	1	2	3	4	5	6	7	8	9	10	11	12	13	14	15	16	17	18	19	20	21
30	—	—	—	—	—	—	—	—	—	—	—	—	—	—	—	—	30	23	70	54	77
40	—	—	—	—	—	—	—	—	—	—	—	—	—	—	22	26	25	29	53	63	118
50	—	—	—	—	—	—	—	—	—	—	—	—	—	—	45	74	20	33	35	58	165
60	—	—	—	—	—	—	7	15	—	—	—	—	—	—	56	122	13	28	24	52	217
70	—	—	—	—	—	—	29	79	—	—	—	—	—	—	44	119	4	11	23	62	271
80	—	—	—	—	—	—	53	171	—	—	—	—	—	—	25	80	—	—	22	71	322
90	—	—	—	—	13	48	66	242	—	—	—	—	—	—	—	—	—	—	21	76	366
100	—	—	—	—	22	88	59	236	—	—	—	—	—	—	—	—	—	—	19	76	400

Rechter Block:

Alter	1	2	3	4	5	6	7	8	9	10	11
30	—	—	—	—	—	—	—	—	100	77	77
40	—	—	—	—	—	—	20	24	80	94	118
50	—	—	—	—	6	10	35	57	59	98	165
60	—	—	—	—	27	59	33	72	40	86	217
70	—	—	20	54	30	82	21	57	29	78	271
80	—	—	38	122	24	77	15	48	23	75	322
90	—	—	52	191	18	66	9	33	21	76	366
100	—	—	61	244	15	60	5	20	19	76	400

B. Periodischer Abgang.

Alter	Derbholz															Reisig						Summa Derb- und Reisholz	Alter
	Nutzholz									Brennholz				Summa Derbholz		Nutz-reisig		Brenn-reisig		Summa Reisig			
	Stammholz								Stangen	Kloben		Knüppel											
	Klasse																							
	II		III		IV		V																
Jahre	in %	fm	in %	fm	in %	fm	in %	fm	in %	fm	in %	fm	in %	fm	in %	fm	in %	fm	in %	fm	in %	fm	fm	Jahre
									I. Bonität.															
30	—	—	—	—	—	—	—	—	11	3	—	—	3	1	14	4	24	7	62	18	86	25	29	30
40	—	—	—	—	—	—	—	—	31	15	—	—	21	10	52	25	10	5	38	18	48	23	48	40
50	—	—	—	—	—	—	19	12	28	18	4	3	25	16	76	49	2	1	22	14	24	15	64	50
60	—	—	—	—	14	10	20	14	19	14	15	12	18	13	86	63	—	—	14	10	14	10	73	60
70	—	—	5	4	20	14	23	16	5	4	23	16	14	10	90	64	—	—	10	7	10	7	71	70
80	—	—	12	8	25	16	17	11	—	—	28	18	10	6	92	59	—	—	8	5	8	5	64	80
90	—	—	18	10	27	15	13	7	—	—	30	17	5	3	93	52	—	—	7	4	7	4	56	90
100	—	—	23	11	27	13	8	4	—	—	32	15	4	2	94	45	—	—	6	3	6	3	48	100
110	—	—	28	12	26	11	3	1	—	—	34	14	4	2	95	40	—	—	5	2	5	2	42	110
120	11	4	30	11	19	7	—	—	—	—	32	12	3	1	95	35	—	—	5	2	5	2	37	120
									II. Bonität.															
30	—	—	—	—	—	—	—	—	—	—	—	—	—	—	—	—	25	3	75	9	100	12	12	30
40	—	—	—	—	—	—	—	—	17	6	—	—	8	3	25	9	11	4	64	23	75	27	36	40
50	—	—	—	—	—	—	5	2	30	16	—	—	26	13	61	31	4	2	35	18	39	20	51	50
60	—	—	—	—	4	2	21	13	23	13	10	6	20	12	78	46	2	1	20	12	22	13	59	60
70	—	—	—	—	9	5	27	16	17	10	15	9	17	10	85	50	—	—	15	9	15	9	59	70
80	—	—	—	—	15	8	27	14	10	6	20	10	14	7	86	45	—	—	14	7	14	7	52	80
90	—	—	2	1	22	10	25	11	2	1	25	11	11	5	87	39	—	—	13	6	13	6	45	90
100	—	—	6	2	24	9	21	8	—	—	30	12	8	3	89	34	—	—	11	4	11	4	38	100
110	—	—	12	4	25	8	14	5	—	—	32	10	6	2	89	29	—	—	11	4	11	4	33	110
120	—	—	26	7	26	7	4	1	—	—	33	9	3	1	92	25	—	—	8	2	8	2	27	120

III. Bonität.

	1	2	3	4	5	6	7	8	9	10	11	12	13	14	15	16	17	18	19	20	21	22	23	
30	—	—	—	—	—	—	—	—	—	—	—	—	—	—	—	—	—	—	—	—	—	—	—	30
40	—	—	—	—	—	—	—	—	4	1	—	—	4	1	8	2	15	4	77	21	92	25	27	40
50	—	—	—	—	—	—	4	1	23	9	—	—	15	6	42	16	11	4	47	18	58	22	38	50
60	—	—	—	—	—	—	13	6	27	12	9	4	18	8	67	30	6	3	27	12	33	15	45	60
70	—	—	—	—	—	—	21	10	23	10	13	5	21	10	78	35	2	1	20	9	22	10	45	70
80	—	—	—	—	—	—	27	11	19	8	17	7	19	8	82	34	—	—	18	7	18	7	41	80
90	—	—	—	—	4	1	31	11	13	5	21	7	15	5	84	29	—	—	16	6	16	6	35	90
100	—	—	—	—	15	5	33	10	4	1	25	8	10	3	87	27	—	—	13	4	13	4	31	100
110	—	—	—	—	20	5	32	9	—	—	28	8	9	2	89	24	—	—	11	3	11	3	27	110
120	—	—	—	—	25	6	31	7	—	—	26	6	9	2	91	21	—	—	9	2	9	2	23	120

IV. Bonität.

	1	2	3	4	5	6	7	8	9	10	11	12	13	14	15	16	17	18	19	20	21	22	23	
30	—	—	—	—	—	—	—	—	—	—	—	—	—	—	—	—	—	—	—	—	—	—	—	30
40	—	—	—	—	—	—	—	—	—	—	—	—	—	—	—	—	40	4	60	6	100	10	10	40
50	—	—	—	—	—	—	—	—	12	3	—	—	4	1	16	4	20	5	64	16	84	21	25	50
60	—	—	—	—	—	—	—	—	28	8	—	—	24	7	52	15	10	3	38	11	48	14	29	60
70	—	—	—	—	—	—	3	1	34	10	—	—	30	9	67	20	6	2	27	8	33	10	30	70
80	—	—	—	—	—	—	14	4	32	9	3	1	29	8	78	22	3	1	19	5	22	6	28	80
90	—	—	—	—	—	—	20	5	28	7	8	2	24	6	80	20	—	—	20	5	20	5	25	90
100	—	—	—	—	—	—	28	6	19	4	18	4	18	4	83	18	—	—	17	4	17	4	22	100
110	—	—	—	—	5	1	37	7	10	2	26	5	11	2	89	17	—	—	11	2	11	2	19	110

V. Bonität.

	1	2	3	4	5	6	7	8	9	10	11	12	13	14	15	16	17	18	19	20	21	22	23	
30	—	—	—	—	—	—	—	—	—	—	—	—	—	—	—	—	—	—	—	—	—	—	—	30
40	—	—	—	—	—	—	—	—	—	—	—	—	—	—	—	—	—	—	—	—	—	—	—	40
50	—	—	—	—	—	—	—	—	—	—	—	—	—	—	—	—	26	5	74	14	100	19	19	50
60	—	—	—	—	—	—	—	—	—	—	20	4	—	—	25	5	20	4	55	11	75	15	20	60
70	—	—	—	—	—	—	—	—	—	—	28	6	—	—	57	6	10	2	33	7	43	9	21	70
80	—	—	—	—	—	—	—	—	—	—	44	8	—	—	70	5	6	1	24	4	30	5	18	80
90	—	—	—	—	—	—	—	—	8	1	39	6	6	1	76	3	—	—	24	4	24	4	15	90
100	—	—	—	—	—	—	—	—	15	2	34	4	11	1	82	3	—	—	18	2	18	2	12	100

VII. Geldertragstafel.

Wenn auch die Ausscheidung des Massenertrages nach Sortimenten bereits einen interessanten Einblick in die Entwicklung des Werthzuwachses nach Alter und Bonitäten gestattet, so tritt dieses Verhalten doch noch deutlicher hervor, wenn die Resultate der Wirtschaft in der Form von Geld ausgedrückt werden.

Ich habe deshalb den Versuch gemacht, auch für die Fichte eine Geldertragstafel zu berechnen. Die dabei angewandten Preise sind Mittelwerte, welche aus den Durchschnittsversteigerungserlösen der letzten drei Jahre einer Anzahl von Oberförstereien des Harzes und Thüringens berechnet wurden. Dieselben können daher als ein Ausdruck der gegenwärtigen Preisverhältnisse in grofsen und wichtigen Fichtengebieten Mitteldeutschlands betrachtet werden.

Die werbungskostenfreien Preise sind pro Festmeter für:

Stammholz I. Klasse	. . .	20,00	Mark,
„ II. „	. . .	19,00	„
„ III. „	. . .	17,00	„
„ IV. „	. . .	15,00	„
„ V. „	. . .	11,00	„
Derbholzstangen	. . . . .	8,00	„
Reisigstangen	. . . . . .	4,00	„
Klobenholz	. . . .	6,00	„
Knüppel	. . . .	3,50	„
Schlagreisig	. . . . . .	1,00	„

Der geringe Preisunterschied zwischen Stammholz I. und II. Klasse wird dadurch bedingt, dafs die ganz schweren Stämme verhältnismäfsig weniger hoch bezahlt werden als die mittelstarken. In Thüringen (Regierungsbezirk Erfurt) sind deshalb die Taxen für die beiden stärksten Klassen, welche hier nach den Mittendurchmessern gebildet werden, gleich hoch, und in der Oberförsterei Osterode am Harz war 1889 der Durchschnittsversteigerungserlös für die I. Stammklasse sogar etwas geringer als jener der II.

Die Preise für Derb- und Reisholzstangen sind als Durchschnitte aus den Erlösen für die verschiedenen Sortimente ermittelt.

Bei Aufstellung der Tafel wurde für den Hauptbestand das Maximum an Nutzholz (vergl. Tabelle VII, A) und für den periodischen Abgang die Verteilung der Sortimente, wie sie in Tabelle VII, B angegeben ist, zu Grunde gelegt. Die Zwischennutzungserträge sind mit 2 % prolongiert worden.

Versuch einer Geldertragstafel. Tabelle VIII.

Alter	Erntekostenfreier Wert des Hauptbestandes	Erntekostenfreier Wert des periodischen Abgangs	Jetztwert des gesamten bisherigen periodischen Abgangs	Hauptbestand und periodischer Abgang		Wertszuwachs.			
				Gesamter Werth	Wert des periodischen Abgangs in %/o des Gesamtwerts	durchschnittlich jährlicher des Hauptbestandes	durchschnittlich jährlicher der Gesamtmasse	laufend jährlicher der Gesamtmasse	laufend jährlicher der Gesamtmasse
Jahre	Mark	Mark	Mark	Mark	%/o	Mark	Mark	Mark	%/o

I. Bonität.

Alter									
30	2 363	74	74	2 437	3	79	81	—	—
40	5 143	193	283	5 426	5	128	136	299	7,6
50	7 976	368	713	8 689	8	159	174	326	4,6
60	10 276	544	1 414	11 690	12	171	195	300	2,9
70	12 302	624	2 349	14 651	16	176	209	296	2,2
80	14 297	631	3 497	17 794	20	179	222	314	1,9
90	16 116	589	4 855	20 971	23	180	233	319	1,6
100	18 172	526	6 449	24 621	26	182	246	365	1,6
110	19 740	473	8 341	28 081	30	180	255	346	1,3
120	21 329	445	10 621	31 950	33	178	266	387	1,3

II. Bonität.

Alter									
30	1 384	21	21	1 405	1,5	46	47	—	—
40	2 884	98	124	3 008	4	72	75	130	7,2
50	4 770	222	373	5 143	7	95	103	214	5,2
60	6 901	371	826	7 727	11	115	129	258	4,0
70	8 817	429	1 437	10 254	14	126	146	253	2,8
80	10 443	423	2 176	12 619	17	130	158	237	2,1
90	12 045	386	3 041	15 086	20	134	168	247	1,8
100	13 691	344	4 054	17 745	23	137	177	266	1,6
110	15 271	314	5 260	20 531	26	139	187	279	1,4
120	16 752	295	6 712	23 464	29	140	196	293	1,3

III. Bonität.

Alter									
30	681	—	—	681	0	23	23	—	—
40	1 628	45	45	1 673	3	41	42	99	8,4
50	2 723	140	195	2 918	6	54	58	125	5,2
60	3 860	238	476	4 336	10	64	72	142	3,9
70	5 619	268	849	6 468	13	80	92	213	3,9
80	6 877	262	1 298	8 175	16	86	102	171	2,4
90	8 234	242	1 825	10 059	18	91	112	188	2,1
100	9 514	255	2 481	11 995	21	95	120	194	1,8
110	10 984	232	3 259	14 243	23	100	129	225	1,7
120	12 427	212	4 188	16 615	25	104	138	237	1,5

Alter	Erntekostenfreier Wert des Hauptbestandes	Erntekostenfreier Wert des periodischen Abgangs	Jetztwert des gesamten bisherigen periodischen Abgangs	Hauptbestand und periodischer Abgang		Wertszuwachs			
				Gesamter Wert	Wert des periodischen Abgangs in % des Gesamtwerts	durchschnittlich jährlicher des Hauptbestandes	der Gesamtmasse	laufend jährlicher der Gesamtmasse	
Jahre	Mark				%	Mark		Mark	%

IV. Bonität.

Alter	Wert Hauptbest.	Wert per. Abg.	Jetztwert	Gesamt Wert	%	durchschn. Hauptbest.	durchschn. Gesamt	laufend Mark	laufend %
30	336	—	—	336	0	11	11	—	—
40	793	22	22	815	3	20	20	48	8,3
50	1 581	64	91	1 672	6	32	33	86	6,9
60	2 384	112	223	2 607	9	40	43	94	4,4
70	3 357	138	410	3 767	11	48	54	116	3,6
80	4 547	159	659	5 206	13	56	65	144	3,2
90	5 359	149	953	6 312	15	59	70	111	1,9
100	6 174	140	1 303	7 477	17	62	75	117	1,7
110	7 048	147	1 737	8 785	20	64	80	131	1,4

V. Bonität.

Alter	Wert Hauptbest.	Wert per. Abg.	Jetztwert	Gesamt Wert	%	durchschn. Hauptbest.	durchschn. Gesamt	laufend Mark	laufend %
30	146	—	—	146	0	5	5	—	—
40	387	—	—	387	0	10	10	24	9,0
50	782	34	34	816	4	16	16	43	7,1
60	1 305	63	104	1 409	7	22	23	59	5,3
70	1 927	84	211	2 138	10	27	30	73	4,1
80	2 592	90	347	2 939	12	32	35	80	3,2
90	3 458	80	503	3 961	13	38	44	103	3,0
100	3 992	72	686	4 678	15	40	48	72	1,6

Die Geldertragstafel zeigt vor allem, wie bedeutende Erträge die Fichte liefert, und wie hoch sie in dieser Beziehung über der Kiefer steht. So beträgt z. B. in I. Bonität im 120jährigen Alter

	der Wert des Hauptbestandes:	des Gesamtertrages:
bei der Fichte	21 329 Mark,	31 950 Mark,
bei der Kiefer	10 105　„	14 696　„

Unter mittleren Preisverhältnissen entsprechen die Erträge der III. Standortsklasse für Fichte jenen, die bei der Kiefer auf der I. Standortsklasse erzielt wurden; allerdings darf nicht übersehen werden, daſs es sich hierbei nicht um einen Vergleich der finanziellen Leistung beider Holzarten auf dem gleichen Standort, sondern nur um einen solchen der nach den sehr ungleichen Ansprüchen beider Holzarten ausgeschiedenen Bonitäten handelt.

Diese Überlegenheit gelangt auch in den zwei- bis dreimal höheren Wald-Reinertragsziffern der Fichtenreviere gegenüber den Kiefernrevieren zum Ausdruck.

Während sich bei der Fichte die Massen der einzelnen Bonitäten im 100jährigen Alter verhalten wie 100 : 82 : 66 : 50 : 36, so ist dieses Verhältnis beim Geldertrag wie 100 : 72 : 49 : 30 : 19; der Unterschied der Standortsgüte ist demnach in letzter Richtung bedeutend gröfser als in ersterer.

Der Wert des periodischen Abganges tritt in den geringeren Bonitäten gegenüber jenem des Hauptbestandes immer mehr zurück. Derselbe beträgt im 100jährigen Alter in der I. Bonität 26 % des Gesamtertrages, in der V. indessen nur noch 15 %.

Der durchschnittlich jährliche Wertszuwachs des Hauptbestandes kulminiert für die I. Bonität im 100jährigen Alter, für die übrigen Bonitäten erst in Altersstufen, für welche die Ertragstafeln nicht mehr ausreichen, das letztere ist für alle Bonitäten bezüglich der Gesamtmasse (Hauptbestand und prolongierte Durchforstungserträge) der Fall.

Die Kurve des laufend jährlichen Zuwachses zeigt zwei Maxima, das erste trifft in die mittleren Lebensalter und fällt ungefähr mit der Kulmination des laufend jährlichen Zuwachses zusammen (vergl. Tabelle IX), hierauf sinkt die Zuwachsgröfse etwas, steigt dann wieder an und behält diese Tendenz so lange bei, als die letztjährigen Zinsen sämtlicher prolongierten Zwischennutzungserträge die Abnahme im jährlichen Wertszuwachs des Hauptbestandes übertrifft.

Die kleinen Unregelmäfsigkeiten in Tabelle VIII, z. B. das Fallen des laufend jährlichen Zuwachses in der I. Bonität zwischen dem 100. und 110. Jahr, und ebenso in Tabelle IX erklären sich dadurch, dafs die Einheitspreise der Sortimente keine stetig verlaufende Reihe darstellen.

Das Prozent des laufend jährlichen Zuwachses beträgt zwischen dem 100. und 120. Jahre für alle Bonitäten fast ganz gleichmäfsig etwa 1,5.

Benützt man die Angaben der Tabelle VIII, um hiernach den Bodenerwartungswerth zu berechnen, unter der weiteren Voraussetzung, dafs die Verwaltungskosten 7 Mark[1]) und die Kulturkosten 70 Mark[2]) betragen, so erhält man folgendes Ergebnis:

---

[1]) Nach den Angaben in Hagen-Donner, „Die forstlichen Verhältnisse Preufsens", 2. Bd. Tab. 46[b].

[2]) Durchschnitt aus den Angaben der bereits mehrfach citierten Oberförstereien.

a) bei 2 % Zinseszinsen:

Bonität I	II	III	IV	V
Be_{40} 4013 M.	2011 M.	906 M.	195 M.	—157 M.
Be_{60} 4675 „	2937 „	1450 „	692 „	166 „
Be_{80} 4153 „	2818 „	1672 „	905 „	321 „
Be_{100} 3510 „	2411 „	1489 „	766 „	318 „
Be_{120} 2844 „	1975 „	1274 „	693 „ [1])	—

b) bei 3 % Zinseszinsen:

Bonität I	II	III	IV	V
Be_{40} 2069 M.	997 M.	406 M.	26 M.	—163 M.
Be_{60} 2104 „	1276 „	576 „	220 „	— 29 „
Be_{80} 1616 „	1044 „	562 „	241 „	— 1 „
Be_{100} 1177 „	752 „	399 „	127 „	— 39 „
Be_{120} 835 „	514 „	259 „	78 „ [1])	—

Der Bodenerwartungswert kulminiert demnach bei 2 % zwischen dem 60. und 90., bei 3 % zwischen dem 60. und 80. Jahre

Die Höhe des Bodenerwartungswertes bei der Fichte ist durchgehends eine recht bedeutende, nur auf der V. Bonität genügen bei einem Zinsfuſs von 3 % die Einnahmen etwa gerade um die Ausgaben zu decken.

Wenn in der Praxis die Nutzholzausbeute auch geringer ist als nach der Annahme, welche der Berechnung zu Grunde gelegt wurde, so sind die Differenzen doch nicht bedeutend genug, um eine wesentliche Änderung der in obiger Darstellung des Ganges des Bodenerwartungswertes herbeizuführen. Ebenso wenig vermögen sie denselben aber auch in erheblichem Maſse herabzudrücken, und dürfte deshalb weder eine andere Holzart, höchstens mit Ausnahme der Weiſstanne, und noch weniger eine andere Bodenbenutzungsart auf den Standorten, auf welchen die Fichte in Deutschland in gröſserem Umfange heimisch ist, eine gleich hohe Bodenrente liefern.

Äuſserst interessant ist die Übereinstimmung, welche zwischen den Ergebnissen vorstehender Untersuchungen und den Arbeiten, welche Robert Hartig über den gleichen Gegenstand in einem engeren Gebiete (dem braunschweigischen Oberharz) ausgeführt hat, vorhanden ist [2]).

---

[1]) Für IV. Bonität 110jähriges Alter.

[2]) Rob. Hartig, Die Rentabilität der Fichtennutzholz- und Buchenbrennholzwirtschaft im Harze und im Wesergebirge, Stuttgart 1868, p. 116 ff.

Nach Hartig kulminiert der Bodenerwartungswert in der I. Standortsklasse bei 2 % im 70., bei 3 % im 50. Jahr und bei der II. Standortsklasse, wo nur mit 3 % gerechnet wurde, im 60. Jahr.

Der Bodenerwartungswert ist nach Hartig:

	im Maximum		im 100jährigen Alter	
bei	2 %	3 %	2 %	3 %
für I. Bonität:	3447 M.	1696 M.	2911 M.	1191 M.
„ II. „	—	„ 1030 „	—	„ 807 „

Die entsprechenden Zahlen meiner Tafel sind:

	im Maximum		im 100jährigen Alter	
bei	2 %	3 %	2 %	3 %
für I. Bonität:	4675 M.	2104 M.	3510 M.	1177 M.
„ II. „	2937 „	1276 „	2411 „	752 „

Für den Vergleich ist zu berücksichtigen, dafs bei mir der Einheitspreis pro Festmeter des Hauptbestandes im 100jährigen Alter 16,5 und 15,2 Mark, bei Hartig 13,7 und 14,0 Mark ist:

Die Nettoeinnahmen für Holz im Nachhaltsbetriebe ($A_{ü} + D_a + D_b + \ldots$) finden sich in Tabelle IX.

(Siehe Tabelle IX S. 98.)

Die Kulmination des durchschnittlich jährlichen Wertszuwachses tritt nach dieser Tabelle für die I. Bonität etwa im Alter von 100 Jahren, für die übrigen Bonitäten ungefähr zwischen dem 120. und 130. Jahr ein.

Das Resultat sämtlicher vorstehender Untersuchungen über die vorteilhaftesten Umtriebszeiten dürfte dahin zusammenzufassen sein, dafs auch bei dem gleichaltrigen Hochwaldsbetrieb in der gegenwärtig üblichen Form die längere Zeit für besonders vorteilhaft gehaltene Herabsetzung des Umtriebes auf etwa 80 Jahre, und selbst noch weniger, bei der Fichte keineswegs die finanziell günstigsten Resultate liefert. Sogar die Kulmination des Bodenerwartungswertes kann hierfür keine genügende Grundlage bieten, denn sie fällt so nahe an dieses Alter, dafs jede Veränderung im gegenwärtigen Preisverhältnis der Sortimente, welche beim allgemeinen Übergang auf die niedrigen Umtriebszeiten und dem gesteigerten Angebot schwächeren Holzes mit Sicherheit zu erwarten ist, ein Hinausschieben der Kulmination des Bodenerwartungswertes zur Folge haben würde.

Selbst der konsequenteste Anhänger der Bodenreinertrags-

Linke Tabelle

Alter	Erntekostenfreier Wert			Wertszuwachs des Hauptbestandes und periodischen Abgangs	
	des Hauptbestandes	des gesamten bisherigen periodischen Abgangs	des Hauptbestandes und bisherigen periodischen Abgangs	durchschnittlich jährlicher	laufend jährlicher
Jahre	Mark				
I. Bonität.					
30	2 363	74	2 437	81	—
40	5 143	267	5 410	135	297
50	7 976	635	8 611	172	320
60	10 276	1 179	11 455	191	284
70	12 302	1 803	14 105	202	265
80	14 297	2 434	16 731	209	263
90	16 116	3 023	19 139	213	241
100	18 172	3 549	21 721	217	258
110	19 740	4 022	23 762	216	204
120	21 329	4 467	25 796	215	203
II. Bonität.					
30	1 384	21	1 405	47	—
40	2 884	119	3 003	75	160
50	4 770	341	5 111	102	211
60	6 901	712	7 613	127	250
70	8 817	1 141	9 958	142	234
80	10 443	1 564	12 007	150	205
90	12 045	1 950	13 995	156	199
100	13 691	2 294	15 985	160	199
110	15 271	2 608	17 879	162	189
120	16 752	2 903	19 655	164	178

Rechte Tabelle

Alter	Erntekostenfreier Wert			Wertszuwachs des Hauptbestandes und periodischen Abgangs	
	des Hauptbestandes	des gesamten bisherigen periodischen Abgangs	des Hauptbestandes und bisherigen periodischen Abgangs	durchschnittlich jährlicher	laufend jährlicher
Jahre	Mark				
III. Bonität.					
30	681	—	681	23	—
40	1 628	45	1 673	42	99
50	2 723	185	2 908	58	123
60	3 860	423	4 283	71	138
70	5 619	691	6 310	90	203
80	6 877	953	7 830	98	152
90	8 234	1 195	9 429	105	160
100	9 514	1 450	10 964	110	153
110	10 984	1 682	12 666	115	170
120	12 427	1 894	14 321	119	166
IV. Bonität.					
30	336	—	336	11	—
40	793	22	815	20	48
50	1 581	86	1 667	33	85
60	2 384	198	2 582	43	92
70	3 357	336	3 693	53	111
80	4 547	495	5 042	63	135
90	5 359	644	6 003	67	96
100	6 174	784	6 958	70	95
110	7 048	931	7 979	73	102
V. Bonität.					
30	146	—	146	5	—
40	387	—	387	10	24
50	782	34	816	16	43
60	1 305	97	1 402	23	59
70	1 927	181	2 108	30	71
80	2 592	271	2 863	36	76
90	3 458	351	3 809	42	95
100	3 992	423	4 415	44	60

theorie würde auf Grund der obigen Zahlen für die besten Standortsklassen jedenfalls einen 90jährigen, für die geringeren dagegen den 100jährigen Umtrieb begutachten.

Besondere Verhältnisse, namentlich die fortwährend rapid steigende Nachfrage nach Holz für Papierfabriken können allerdings in den betreffenden Absatzgebieten innerhalb bestimmter Grenzen sehr niedrige Umtriebszeiten, besonders auf geringeren

Bonitäten, rechtfertigen, sie werden aber niemals dazu führen, in dieser Weise die Wirtschaft für grofse Waldmassen zu regulieren.

Wenn man berücksichtigt, dafs der kleinere Waldbesitzer ohnehin bestrebt ist diese Konjunkturen möglichst auszunützen und hierdurch das Angebot von stärkerem Holz von dieser Seite sehr gemindert wird, so kann für den grofsen Waldbesitzer und namentlich für den Staat bei der Fichte jedenfalls ein 120 jähriger Umtrieb mit gutem Gewissen als äufserst vorteilhaft empfohlen werden. Derselbe liefert nicht nur die bedeutendsten Massen hochwertigen und im Preise fortwährend steigenden Bau- und Nutzholzes, sondern bei intensivem Durchforstungsbetrieb nach den Angaben der Ertragstafeln noch 40—50 % des Abtriebsertrages an Zwischennutzungsmaterial, welches ebenfalls in den meisten Gebieten schon jetzt vorzüglich abgesetzt werden kann und den finanziellen Effekt noch über die von mir angenommenen Gröfsen steigern wird.

Nach den Ergebnissen der Ermittlungen über den Massen- und Wertszuwachs dürfte unter Berücksichtigung des bedeutenden Lichtstandszuwachses der Fichte, welcher allerdings ziffernmäfsig noch nicht genügend untersucht ist, nachstehende Behandlungsweise die gröfste Werts- und wohl auch die beträchtlichste Massenproduktion zu erwarten sein:

In der Jugend und im Stangenholzalter mäfsige Durchforstung, um möglichst astreines Holz zu erziehen, hierauf, ungefähr mit dem 50. — 70. Jahr beginnend (auf den besseren Bonitäten früher als auf den geringeren), starke Durchforstung mit Begünstigung der nutzholztüchtigsten Stämme und Sorge für allseitige Freistellung der Kronen bei den besten Stammklassen. Wenn sich die Stämme so allmählich an eine freiere Stellung gewöhnt haben, erfolgt zwischen dem 80. und 90. Jahr der Übergang zu immer stärkeren Lichtungshieben, bis etwa im 110. bis 120. Jahr die Stellung eines Schirmschlages mit 250 bis 500 Stämmen, je nach der Bonität, erreicht ist. Von hier ab hätte alsdann die weitere Lichtung nach Mafsgabe der Bedürfnisse des inzwischen heranwachsenden jungen Bestandes zu erfolgen.

Bei diesem langsamen Übergang von der mäfsigen Durchforstung zum Lichtungshieb und der oben angegebenen Stammzahl für den Schirmschlag wird die Sturmgefahr soweit vermindert, als es durch wirtschaftliche Mafsregeln überhaupt möglich ist, und aufserdem bleibt hierbei auch stets eine gröfsere Stammzahl vorhanden, als nach obigen Untersuchungen mit Rücksicht auf die Massenproduktion allein erforderlich wäre, wodurch gleichzeitig für „Reservestämme" gesorgt wird. Weitere Erörterungen darüber, inwieweit diese Wirtschaftsweise, welche aus den Untersuchungen über den Wachstumsgang abgeleitet ist, mit Rücksicht auf die sonstigen hierbei noch in Betracht kommenden Verhältnisse zweckmäfsig und zulässig erscheint, gehören nicht mehr in den Rahmen vorliegender Arbeit.

Zum Schluss spreche ich dem Herrn Forstassessor Fricke, welcher nicht nur die sämtlichen Aufnahmen in den preufsischen Beständen, soweit dieselben in den Jahren 1887 und 1889 erfolgten, durchgeführt, sondern mich auch bei den äufserst umfangreichen und mühevollen Berechnungen und Zusammenstellungen auf das Beste unterstützt hat, hiermit öffentlich meinen verbindlichsten Dank aus.

Pierer'sche Hofbuchdruckerei. Stephan Geibel & Co. in Altenburg.

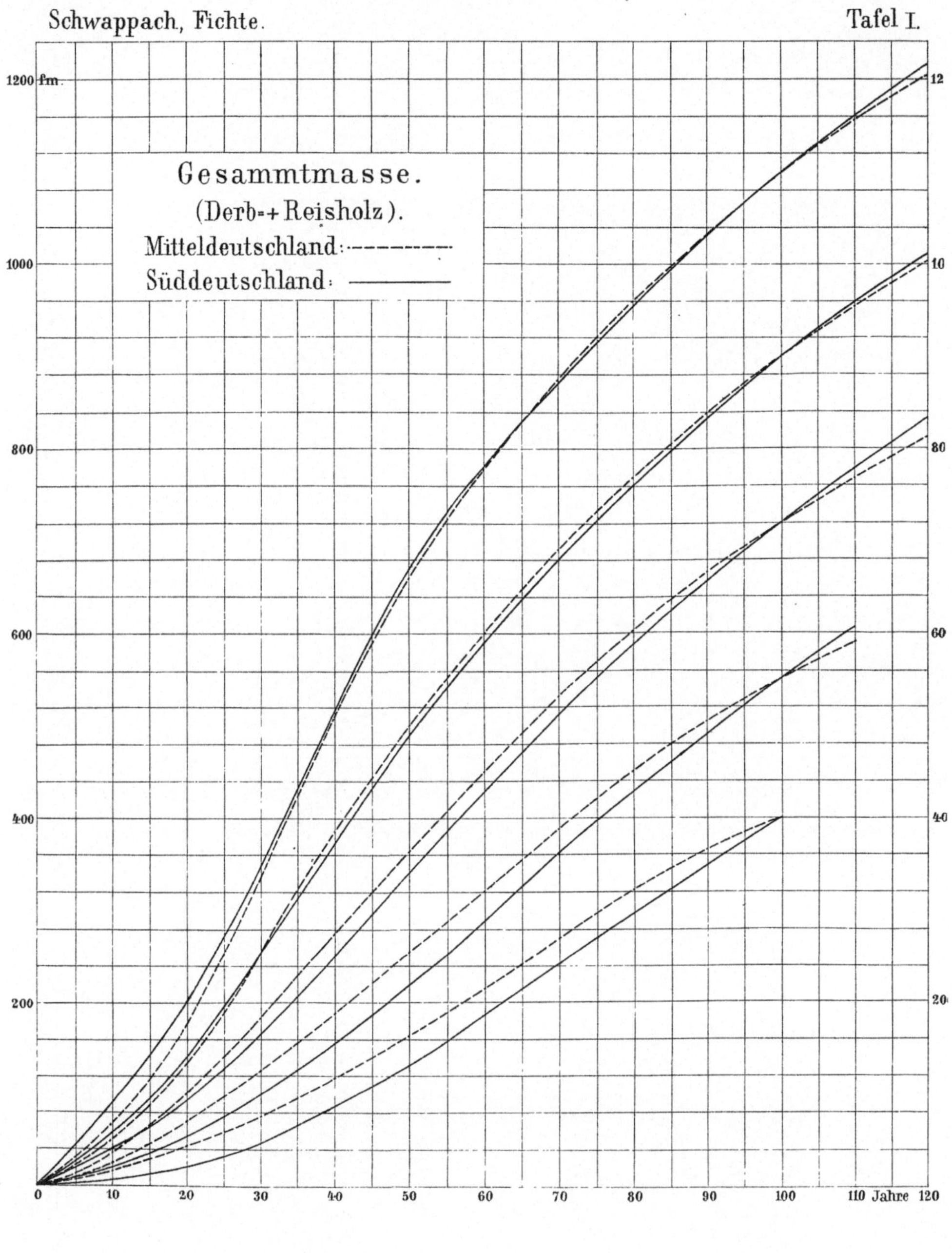
Gesammtmasse.
(Derb-+ Reisholz).
Mitteldeutschland: ----------
Süddeutschland: —————
1200 fm
1000
800
600
400
200
12
10
80
60
40
20
0   10   20   30   40   50   60   70   80   90   100   110 Jahre 120

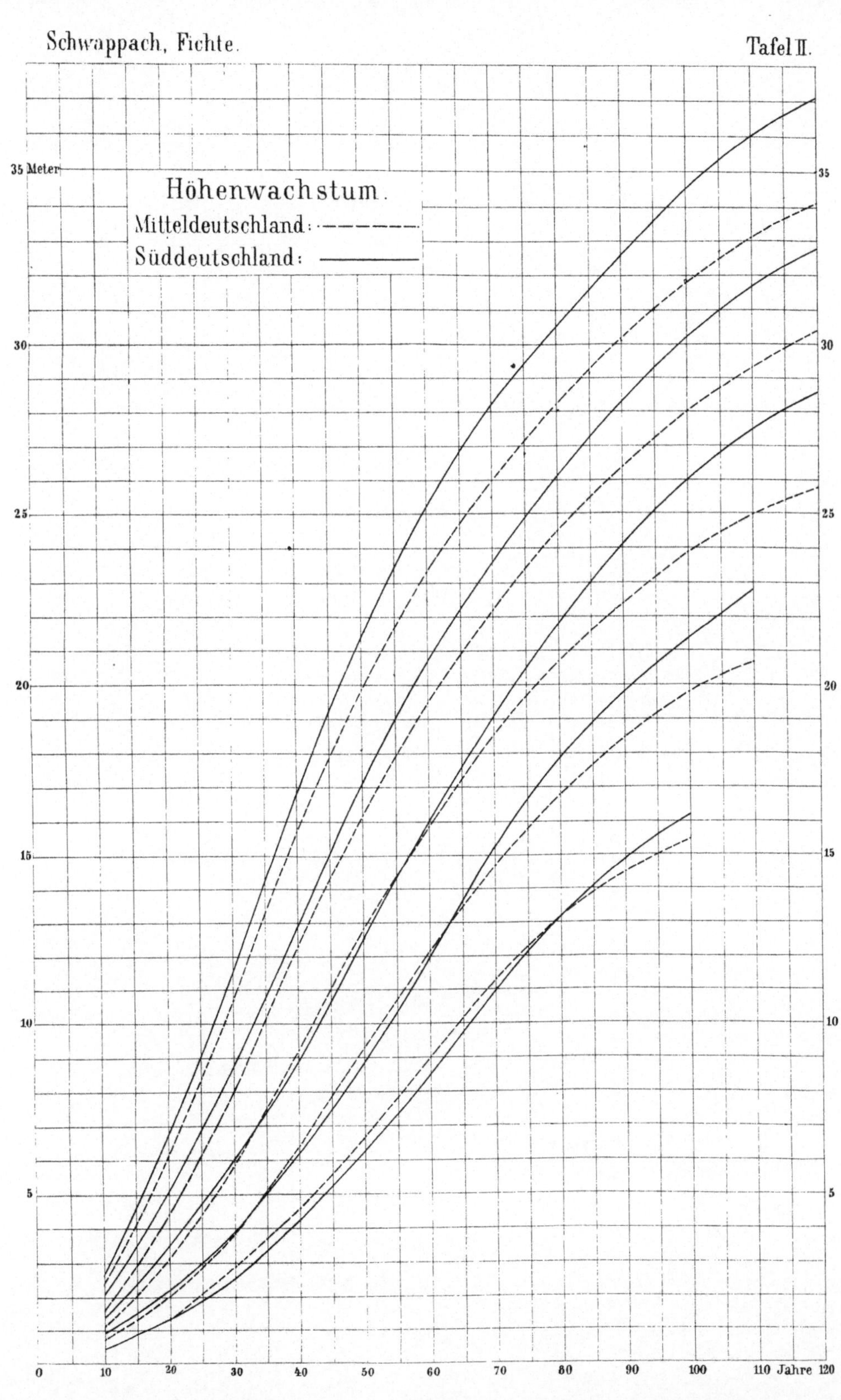

Schwappach, Fichte.
Tafel II.
35 Meter
Höhenwachstum.
Mitteldeutschland: ----------
Süddeutschland: ——————
35
30
25
20
15
10
5
30
25
20
15
10
5
0
10
20
30
40
50
60
70
80
90
100
110 Jahre 120

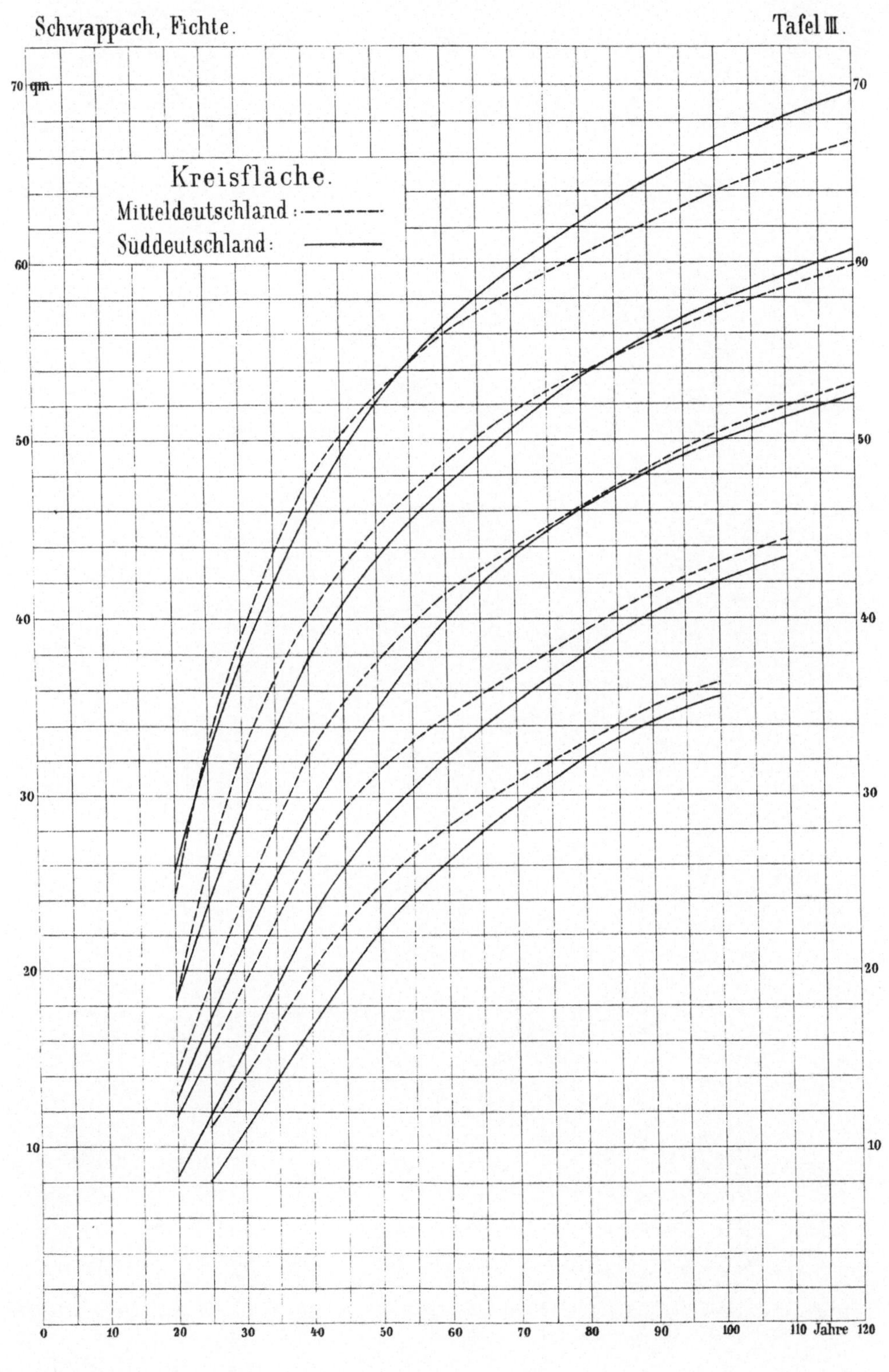
70 qm
Kreisfläche.
Mitteldeutschland: ------
Süddeutschland:
60
50
40
30
20
10
0 10 20 30 40 50 60 70 80 90 100 110 Jahre 120

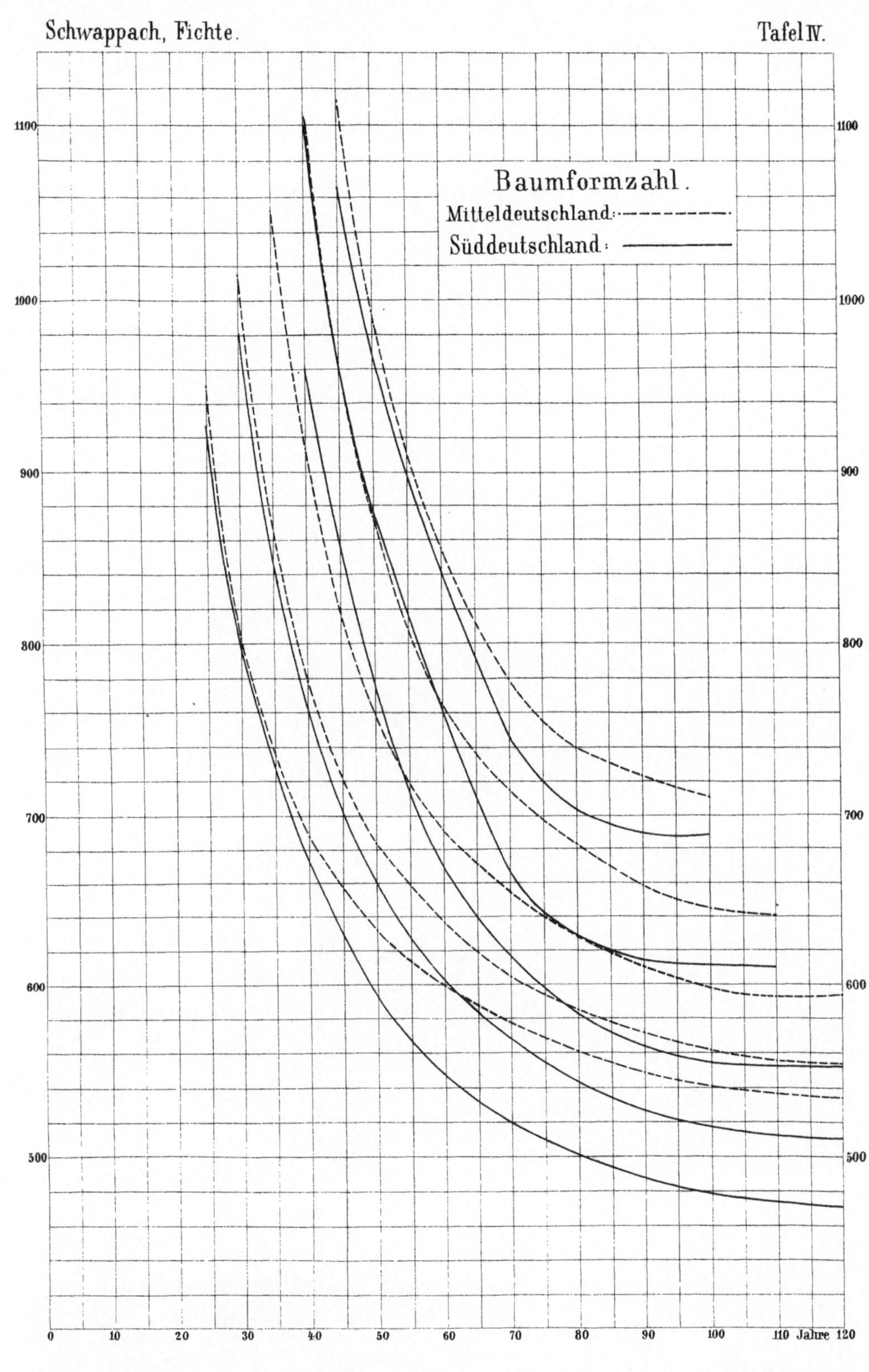
Baumformzahl.
Mitteldeutschland:
Süddeutschland:
1100
1000
900
800
700
600
500
0 10 20 30 40 50 60 70 80 90 100 110 Jahre 120